PAULO JORGE MAGALHÃES TEIXEIRA

JOGOS PARA O ENSINO-APRENDIZAGEM DE COMBINATÓRIA NA EDUCAÇÃO BÁSICA

EDITORA CIÊNCIA MODERNA

Jogos para o Ensino-Aprendizagem de Combinatória na Educação Básica
Copyright© Editora Ciência Moderna Ltda., 2023

Editor: Paulo André P. Marques
Produção Editorial: Dilene Sandes Pessanha
Capa: Daniel Jara
Diagramação: Daniel Jara
Copidesque: Equipe Ciência Moderna

FICHA CATALOGRÁFICA

TEIXEIRA, Paulo Jorge Magalhães.

Jogos para o Ensino-Aprendizagem de Combinatória na Educação Básica

Rio de Janeiro: Editora Ciência Moderna Ltda., 2023.

1. Matemática 2. Análise Combinatória
I — Título

ISBN: 978-65-5842-248-8

CDD 520
511.6

Editora Ciência Moderna Ltda.
R. Alice Figueiredo, 46 – Riachuelo
Rio de Janeiro, RJ – Brasil CEP: 20.950-150
Tel: (21) 2201-6662/ Fax: (21) 2201-6896
E-MAIL: LCM@LCM.COM.BR
WWW.LCM.COM.BR

03/23

Dedicatória

Dedico este trabalho aos meus amados e queridos pais, Fernando Teixeira Malta (in memoriam) e Ana Magalhães Malta, de quem aprendi o caminho da honestidade, caráter, retidão, luta, esforço, justiça, amor e trabalho - razões de minha existência e da minha caminhada.

Igualmente dedico este trabalho aos queridos irmãos, Hilda, Luís Antônio e Elizabete, presentes não apenas durante a etapa de escrita deste livro, mas em tantas outras realizações pessoais e familiares.

Agradecimentos

Desde já agradeço a DEUS por me ter concedido saúde, sabedoria, lucidez e entusiasmo para concluir mais este trabalho.

Em todos os momentos e experiências formativas de minha experiência docente, os quais foram rememorados, em parte, durante a escrita deste livro, se junta a felicidade em poder repartir o tanto de reflexões e conhecimentos que cumulei nos anos de estudo e, trabalho e vida.

Na certeza de que assim o fazendo sinto-me agradecido a DEUS por tudo o que tenho dele recebido, igualmente agradeço pelo dom da vida, pela saúde, lucidez, fé, carisma, entusiasmo, perseverança, imensa vontade de repartir, paz no coração, na vida e no trabalho, bem como a imensa satisfação de ensinar para aprender e de aprender para ensinar.

Tudo o que o senhor bom DEUS me tem proporcionado viver e trilhar - tanto na vida pessoal quanto na trajetória profissional - são desígnios dele e a ele, portanto, hoje e sempre minha eterna gratidão.

Agradecimentos também cabem a todos os meus professores, desde os anos iniciais até o ensino superior, pois cada um soube plantar e semear uma sementinha de amor à profissão de professor que mais tarde abracei. Além do mais, os ensinamentos aprendidos vêm frutificando, todos os dias.

Também sinto-me agradecido às pessoas que cruzaram o meu caminho, uma vez que cada uma a seu modo e intenção deixou suas marcas e essas marcas permitiram-me aprender a esforçar-me sempre, de modo que pudesse tornar-me uma pessoa melhor a cada dia, todos os dias.

Felizmente é bem grande a quantidade de marcas boas, alegres, festivas, agradáveis e marcantes. São elas que me têm permitido sentir presenteado todos os dias, tanto no meu íntimo e coração quanto por meio de minhas ações e intenções. E com forças para continuar sereno e confiante na minha longa caminhada.

E as marcas não boas?

Elas foram esquecidas desde então, e é assim que penso que devem ser vistas de modo que possam dar lugar às muitas boas marcas que brotam todos os dias e me permitem passar a viver com elas e para elas.

E assim tem sido feito!

Esperamos que continue assim por muitos e muitos anos.

Sobre o Autor

Paulo Jorge Magalhães Teixeira é Doutor em Educação Matemática pela Universidade Bandeirante de São Paulo (UNIBAN) – atualmente, Universidade Anhanguera de São Paulo (UNIAN); Doutor em Ciências de la Educación pela Universidad Americana; Mestre em Matemática - área de Álgebra -, Licenciado Pleno em Matemática e Bacharel em Matemática, ambos pela Universidade Federal Fluminense (UFF), e Bacharel em Engenharia Elétrica, ênfase em Eletrotécnica, pela Universidade Federal do Rio de Janeiro (UFRJ). Desenvolve pesquisas e estudos na área de Formação de Professores que ensinam Matemática na Educação Básica e na construção de materiais pedagógicos manipuláveis e jogos - próprios ao ensino-aprendizagem da Matemática na escola básica. É Professor Associado do Instituto de Matemática e Estatística da Universidade Federal Fluminense (IME-UFF), onde atua nas áreas de ensino, pesquisa e extensão com alunos de Licenciatura em Matemática, Engenharias e no curso de Especialização em Ensino da Matemática. Foi Professor Titular do Colégio Pedro II - pertencente à Rede Federal de Ensino Básico, Técnico e Tecnológico do Ministério da Educação -, onde atuou com alunos da Educação Básica: Ensino Médio e Educação de Jovens e Adultos (EJA). É consultor da Fundação CESGRANRIO para atividades relacionadas com formação continuada de professores que ensinam Matemática na Educação Básica. É Coordenador do OBSEM - Observatório de Educação Matemática - projeto alternativo de estudos e pesquisas que tem o propósito de estudar e investigar práticas relacionadas com o ensino e a aprendizagem de conceitos da Matemática por professores que ensinam Matemática, e no apoio à formação inicial de alunos das Licenciaturas de Matemática e Pedagogia por meio de programas de formação continuada. O autor escreveu, e escreve, artigos que versam sobre o ensino e sobre a aprendizagem de conteúdos da Matemática da Educação Básica, e também os que tratam de questões pertinentes às formações inicial e continuada de professores que ensinam/ensinarão Matemática para os estudantes deste segmento de ensino.

O autor escreveu os seguintes livros:

1. *Resolvendo problemas de Análise Combinatória nos anos iniciais do Ensino Fundamental*, Editora Ciência Moderna, 1ª Edição, Rio de Janeiro, 173p. 2014.
2. *Práticas acerca do Raciocínio Combinatório no Ensino Fundamental*, NEA – Novas Edições Acadêmicas, 1ª Edição, São Paulo, 456p. 2015. Disponível em: https://www.nea-edicoes.com/catalog/search. Acesso em 25 de julho de 2017.
3. *Ensino de Análise Combinatória na Educação Básica: Uma trajetória.* 1ª Edição. São Paulo: NEA – Novas Edições Acadêmicas. 376p. 2015. ISBN – 978-3-639-83624-0. Disponível em: https://www.nea-edicoes.com/catalog/search. Acesso em 25 de julho de 2017.
4. *Problemas básicos de Matemática Financeira. Pagar à vista ou pagar parcelado? Qual a taxa de juros? Qual a melhor decisão a tomar?* Editora Ciência Moderna, 1ª Edição, Rio de Janeiro, 208p. 2017.
5. *Resolvendo problemas de Análise Combinatória nos anos finais do Ensino Fundamental*, Editora Ciência Moderna, 1ª Edição, Rio de Janeiro, 275p. 2017.

6. *Resolvendo problemas de Análise Combinatória no Ensino Médio*, Editora Ciência Moderna, 1ª Edição, Rio de Janeiro, 505p. 2021.
7. *Introdução à Álgebra Linear e Geometria Analítica: Novo enfoque, novos olhares*, Editora Ciência Moderna, 1ª Edição, Rio de Janeiro, 294p. 2021.
8. *Tópicos avançados em Análise Combinatória*, Editora Ciência Moderna, 1ª Edição, Rio de Janeiro, 305p. 2021.
9. Jogos para *o ensino-aprendizagem de Probabilidade na Educação Básica*, Editora Ciência Moderna, 1ª Edição, Rio de Janeiro, 185p. 2021. (No prelo)
10. *Teoria dos Grafos – Tópicos e Problemas*, Editora Ciência Moderna, Rio de Janeiro, 183p. 2022.
11. *Números Negativos*, Editora PoD, Rio de Janeiro, 68p. 2023.
12. Curiosidades, passatempos, desafios e jogos combinatórios: atividades para aulas de Matemática, Livraria da Física, 1ª Edição, São Paulo, 302p. 2021.

Prefácio

(RE) Pensando A Matemática no Ensino Básico: continuando a reflexão

De há muito que se denuncia o distanciamento da Universidade com relação aos Ensinos Fundamental e Médio. Tem havido inúmeras tentativas, sob a forma de projeto-piloto e outros tipos de experiências que visam eliminar, ou pelo menos, minimizar essa falta de integração. O sucesso de tais empreendimentos tem sido bastante relativo, embora não negligenciável.

Algumas políticas públicas têm buscado incentivar as licenciaturas nas Universidades e, indiretamente, a profissão de professor do ensino básico. Entretanto, além de pontuais, elas são muito afetadas pelos distintos contextos políticos. Ora são incentivadas ora negligenciadas. Muito ainda precisa ser feito – os salários aviltados, as precárias condições de trabalho e a desvalorização social da profissão constituem entraves ao maior sucesso dessas importantes iniciativas.

Ao mesmo tempo, outras políticas públicas de valorização da ciência (e dos cientistas) nos órgãos de fomento da pesquisa (alguns participando dos incentivos tratados acima) afetam, sobremaneira, a vida acadêmica e a formação de professores nas Universidades. De fato, o ensino ainda não recebe, em nosso país, o reconhecimento acadêmico que merece ter.

As duas formas de atuação na docência (ensino superior e ensinos fundamental e médio) são necessárias e têm levado a significativos progressos na ciência brasileira em interessantes momentos de retroalimentação. Entretanto, sempre aparecem efeitos não desejados em ações que não contam com tais externalidades. As políticas de efetivo apoio à docência permanecem frágeis.

A situação de um professor com dupla, tripla e às vezes mais inserções na vida profissional, com atuação nos níveis fundamental, médio e superior, é problemática do ponto de vista pessoal e profissional. A sobrecarga de afazeres diversos, as múltiplas exigências, a necessidade de publicar e a participação em congressos, tornam a dedicação exclusiva quase uma necessidade. Oferecer a tranquilidade para trabalhar em um ambiente único, torna a vida de qualquer profissional mais harmoniosa, menos tensa, mais produtiva. Entretanto, com isso, perde-se uma vinculação entre o ensino superior e o básico, ainda feita, na prática, por um número expressivo de profissionais.

Se levarmos em consideração outro processo (integrado aos anteriores) que, já há algum tempo vem marcando as novas gerações de universitários quando, após graduarem-se, ingressam imediatamente no mestrado e daí no doutorado e pós-doutorado, chega-se à conclusão que boa parte dos alunos universitários é absorvida pelo próprio sistema superior de ensino.

Daí surge um problema, cada vez mais evidente: professores universitários que nunca saíram do sistema, isto é, não têm experiências fora da Universidade. As políticas públicas destinadas a criar melhores condições de trabalho e de estudo favorecem o *gap* entre os níveis de ensino, sem que isto seja seu objetivo, por óbvio. Faltam, cada vez mais, professores com experiência nos ensinos fundamental e médio para ministrar as disciplinas de formação de professores para a escola básica e esse quadro é de difícil reversão.

É nesse *framework* que se inscreve este livro do Professor Paulo Jorge Magalhães Teixeira. Com larga experiência no ensino superior (IME-UFF - Instituto de Matemática e Estatística da Universidade Federal Fluminense) e nos ensinos fundamental e médio (Colégio Pedro II), apresenta-nos uma proposta de trabalho muito interessante, baseada em numerosos cursos que ministrou para professores de ensino básico, em vários estados brasileiros. Neles pode pesquisar os maiores "gargalos" no ensino da matemática e, com base na sua vivência em sala de aula e no diálogo com os professores participantes, ir desenvolvendo uma metodologia de ensino que auxilia - tanto alunos quanto professores - a ultrapassar alguns desses entraves. Essa metodologia está expressa no presente livro "**Jogos para o ensino-aprendizagem de Combinatória na Educação Básica**".

Como escreve o próprio autor, este livro destina-se preferencialmente a professores de Matemática que atuam na Educação Básica (também a professores formadores de professores para atuação na Educação Básica), que desejam apresentar e desenvolver com seus alunos a prática de questões relacionadas a algumas questões de matemática básica, como destaque para as de análise combinatória e probabilidade, presentes no cotidiano dos alunos e das pessoas comuns. Para tanto, de maneira que possa atingir tal propósito, professores que gostariam de contar com sugestões de jogos que poderiam aplicar. Aí está a chave do sucesso anunciado para esta obra: sugestões de atividades e jogos que permitem ao professor dos Ensinos Fundamental e Médio aplicar a metodologia proposta pelo autor, diretamente, em sala de aula.

Trabalhos como este são raros, mas muito necessários, pois estabelecem uma ligação entre os diferentes níveis de ensino e favorecem a ultrapassagem dos "hiatos", fruto, em muitos casos, da falta de experiência com classes do ensino básico por parte dos docentes das licenciaturas do nível superior.

Acompanho há muitos anos o trabalho do meu querido primo Paulo Jorge, seus progressos no mestrado, no doutorado e, principalmente, suas angústias a respeito da separação entre o ensino universitário e o fundamental e o médio. Ao publicar este livro desenvolve um projeto que, estimo, tenha prosseguimento em outros produtos intelectuais que auxiliem o professor do ensino básico a se sentir apoiado por experientes especialistas do ensino superior.

Como foi dito acima, são cada vez mais raros os professores dotados dessas múltiplas competências e experiências nos diferentes níveis de ensino, principalmente em trabalhos simultâneos de sinergia entre a teoria e a prática de sala de aula.

Fico feliz de participar deste projeto, com o qual me identifico profundamente, em termos metodológicos, na minha área de atuação, o que me faz recomendar o livro a todos que se interessem pela temática.

Prof. Dr. João Rua
Professor dos cursos de Mestrado e Doutorado do
Departamento de Geografia e Meio Ambiente da PUC-Rio.
Pontifícia Universidade Católica do Rio de Janeiro

Apresentação

Este trabalho é fruto das reflexões do autor acerca de experiências pessoais e profissionais no exercício da docência em relação a tudo o que cumulou por meio de leituras, estudos e pesquisas pertinentes à temática presente no texto.

São recortes, tanto de momentos que desfrutou e da alegria de poder contar um pouco de tudo o que vivenciou no exercício da docência e em experiências diversas vividas quanto de momentos que permearam a elaboração e a aplicação de atividades escolares que vêm sendo desenvolvidas no seio do OBSEM – Observatório de Educação Matemática.

Este livro se configura como fruto de esforços do autor em levar adiante propostas formativas aos membros do OBSEM como alguns dos princípios norteadores no tocante ao desenvolvimento de produtos, trabalhos e atividades, os quais poderiam também ter sido desenvolvidos pelo coletivo.

Também tem o objetivo de fazer chegar, de forma organizada, a um universo bem maior de professores e alunos Brasil afora, algumas ideias, resultados de estudos e pesquisas, conhecimentos e experiências que os membros do OBSEM desenvolvem em relação a recursos didáticos e temáticos, que são próprios dos currículos de matemática para a educação básica.

O livro permite dar maior visibilidade ao trabalho que o grupo produz e, assim, expandir fronteiras do conhecimento para além de suas ações habituais - que têm sido realizadas tanto no seio do OBSEM quanto em fronteiras urbanas próximas.

Uma vez que as ações do OBSEM brotam das necessidades de investigações que, em grande parte, demandam das reflexões e discussões entre os seus membros ou são resultados de experiências pessoais de cada um de seus membros em suas práticas docentes cotidianas, as temáticas exploradas ao longo do livro são variadas, como não poderiam deixar de ser. No seio do OBSEM tais ideias fervilham.

Quando possível, os temas de diferentes jogos e atividades são explorados em conjunto por meio de pertinentes conexões. Eles têm em comum prover o contato de alunos e professores com temáticas que apresentam certos embaraços quando conceitos, competências e habilidades precisam ser apropriados, desenvolvidos e explorados em sala de aula.

Em prosseguimento aos jogos, e por meio deles, as atividades visam fundamentar competências para a resolução de problemas de contagem e cálculos de probabilidade, no universo de dois dos eixos norteadores do ensino da Matemática na Escola Básica: jogos e resolução de problemas.

Em outra vertente, tem-se a preocupação direta e indireta de contribuir para a melhoria da leitura e da escrita em Matemática oportunizando que os alunos se expressem a respeito do que vivenciaram e aprenderam com os jogos.

Também a oportunidade de os alunos poderem expressar suas opiniões em relação a algumas questões presentes no jogo. Por exemplo, opinarem sobre o que acham em relação à ampliação da participação de mais colegas no jogo e quais alterações precisariam ser feitas, se for o caso.

Não obstante considerarmos importante a apropriação de conceitos, competências e habilidades para a resolução de problemas, em Matemática, também entendemos ser imperiosa a disseminação de atividades que contribuam para o desenvolvimento da leitura e da escrita em Matemática, entre os alunos.

Consideramos que tais habilidades são essenciais e indispensáveis para todos os cidadãos. Mas, em particular, também as consideramos indispensáveis para o aprimoramento do ensino e da aprendizagem da Matemática na Escola Básica.

Considerando a importância que emprestamos à apropriação de tais habilidades, pelos alunos e professores, o conteúdo do livro também tem o propósito de contribuir para o ensino e a aprendizagem da Matemática na Escola Básica por meio de conceitos e considerações pertinentes que estão presentes no seio de conceituações presentes na Educação Matemática Crítica (EMC) - área de estudos da Educação Matemática.

A cada capítulo dos jogos de combinatória procuramos fazer uma breve introdução, de modo que o leitor se situe em relação ao conteúdo que será abordado, e no caso de domínio dos conhecimentos de conteúdo procure explorar o jogo em si, vislumbrando apresentar sugestões para a exploração das atividades que se seguem a cada jogo.

Para cada jogo, apresentamos os objetivos do jogo, os materiais que precisam ser reproduzidos pelos professores, e entregues aos alunos, e os recursos materiais que podem ser reutilizados em todas as oportunidades em que o jogo for proposto.

Ao final, apresentamos sugestões aos professores para a exploração do jogo em sala de aula, acompanhado de questões que podem/devem ser respondidas pelos alunos com o propósito de os atores identificarem o que foi aprendido com o jogo.

Cada jogo também tem o objetivo de motivar o estudo do conteúdo durante as tomadas de decisões, por meio das jogadas necessárias ao desenrolar do jogo. Entendemos que o jogo também pode se prestar ao propósito de ser um disparador de ideias para o ensino e para a aprendizagem da temática subjacente ao jogo em si, a qual, possivelmente, será desenvolvida em prosseguimento ao jogo.

Escrever este livro constituiu importante momento pessoal para o autor, segundo o qual procurou trazer para as palavras tudo aquilo que considera importante repartir com os leitores a respeito dos conteúdos matemáticos abordados. Também, como eles podem ser úteis ao trabalho de professores e alunos.

Por conta disso o autor sentiu-se, e se sente sempre, na necessidade de contribuir com o pouco que seja em relação a tudo o que acredita ser possível fazer de melhor – não, necessariamente, considerando que seja o melhor. Tanto para a disseminação dos conhecimentos próprios da Matemática quanto para repartir experiências docentes que visam a melhoria da formação matemática acadêmica e docente dos leitores.

O público-alvo do livro são os alunos da Educação Básica, os professores, os futuros professores, os interessados nas temáticas probabilidade e análise combinatória, a família (que sempre incentiva) e os amigos, que leem, opinam, sugerem e incentivam.

Por fim, o autor gostaria de pedir aos leitores que escrevam para o seu endereço eletrônico pessoal: paulojorge@id.uff.br, com o objetivo de repartir as suas impressões e análises crítico-reflexivas relativas ao conteúdo da obra.

Boa leitura.

Muito obrigado! Gratidão sempre

A importância dos jogos para o ensino e a aprendizagem da Matemática

Entendemos que a proposição de uma variedade de jogos, envolvendo uma mesma temática, pode e deve ser utilizada pelos professores como meio de incentivar a participação dos alunos.

É um meio de proporcionar o conhecimento de diferentes regras e estratégias de jogo e, como consequência, maior apropriação de ideias e inclusive, de conceitos e procedimentos matemáticos.

Assim, tanto o manuseio de material manipulável lúdico quanto a proposição de jogos, constituem ferramentas pedagógicas importantes.

Importantes, no sentido de que favorecem a apropriação de conhecimentos e, em um sentido mais amplo, revestem-se de um dos agentes de transformação para o ensino e para a aprendizagem da Matemática.

Os jogos permitem que os alunos criem hábitos de concentração para o desenvolvimento das tarefas pertinentes ao jogo, além de permitir que eles levem esses hábitos para quando estiverem realizando tarefas escolares, na escola ou não.

São posturas que, cedo ou tarde, farão parte da vida dos alunos em suas atividades cotidianas, ao longo de toda a vida, além de favorecem o emocional pessoal, que se fortalece com perdas e ganhos, sucessos e insucessos, vitórias e derrotas. Fazem parte da vida de todos nós.

Este aprendizado precisa ser enfatizado pelos professores na escola, em continuidade aos valores aprendidos em casa, por cada aluno, no seu seio familiar.

Com o jogo, o aluno se prepara para aprender, na prática, o sentido de ganhar e de perder, encarando-o como um processo normal e rotineiro que faz parte da vida de cada um de nós.

Como dito, este aprendizado deve ser incentivado também pelo professor, desde os anos inicias de ensino, e aprendido pelo aluno como um modo de prepará-lo para a vida adulta, tanto no seio familiar quando na futura relação com o trabalho, por exemplo.

Pode-se dizer que o mercado de trabalho é tal qual um jogo no sentido de ser competitivo, e ao qual vencem todos aqueles que se preparam para ultrapassar os obstáculos que se apresentam para a entrada (para o jogar) neste mercado (jogo), e que se aperfeiçoam para manter-se e vencer.

Para vencer, tanto no jogo quanto no mercado de trabalho, uma pessoa precisa ser estudiosa, diligente, se arriscar, se atirar, ser proativo, entre outras habilidades e competências que são requeridas.

Uma vez se considere que as atividades que contemplam a ludicidade – como os jogos e o manuseio de materiais manipuláveis, por exemplo - são inerentes ao ser humano desde pequeno.

É preciso que também a escola valorize competições saudáveis entre os alunos como forma de prepará-los para a vida, a exemplo do que já é a vida de todos nós, em uma sociedade competitiva e global como a nossa.

Todo jogo tem ao menos uma regra, simples que seja, e a partir dela se aprende que o seu não respeito provoca alguma perda ou acarreta não ganhar uma bonificação, por exemplo.

Nesse sentido, propor jogos no contexto pedagógico conceitua-se como uma atividade que transcende o prazer e a alegria de apenas jogar para ganhar, alcança a dimensão de favorecimento aos alunos em dificuldades, por exemplo. Também funciona como impulsionador para introduzir um novo conteúdo.

Assim, as regras, procedimentos e estratégias de jogo têm significados concretos para o jogador proativo (aquele que joga, para ganhar o jogo) e, mais adiante, podem estar presentes quando da apropriação de conceitos abstratos do conteúdo referido - característica bastante presente no ensino da Matemática.

Pesquisas têm mostrado diversas contribuições para o ensino e a aprendizagem da Matemática quando da utilização de jogos por meio de uma metodologia que contribui para que os alunos melhor compreendam com significados, tanto os conceitos quantos os procedimentos de resolução de problemas .

As pesquisas também têm mostrado valiosas contribuições para o ensino e a aprendizagem de Matemática quando o professor propõe jogos didáticos por meio de uma metodologia que contribua para que os alunos compreendam melhor um conceito e os significados, enquanto jogam. E também, que façam uso de procedimentos associados ao conceito durante a resolução de problemas que podem/devem ser propostos em prosseguimento do jogo.

Ademais, os jogos têm em si um alcance na aprendizagem que transcende o "olhar frio" do fazer exercícios, resolver problemas ou realizar tarefas de pesquisa, por exemplo, uma vez que parte dessas atividades também estão subjacentes nas ações do jogo. Assim, ao participar de um jogo o aluno proativo está sempre em busca de uma estratégia vencedora, e enquanto joga busca ir aprendendo bem como visa aprender enquanto joga.

O jogo oferece melhores condições de adaptar-se mais facilmente determinados conhecimentos à realidade cotidiana dos alunos do que algumas tarefas escolares que estão presentes nos livros didáticos ou que habitualmente são propostas pelo professor, em sala de aula.

Tais condições perpassam a oportunidade de maior interação entre os alunos, uma vez que eles podem jogar em duplas ou em grupos menores, conhecerem-se melhor e sentirem reações - boas ou não tanto - uns dos outros, em consequência de uma melhor jogada ou não.

O jogar traduz-se em boas oportunidades para os alunos vivenciarem, de maneira lúdica, a aprendizagem de um determinado conteúdo da Matemática de forma prazerosa e distraída, não dispensando o caráter educativo que ele promove.

E, quando o professor se utiliza do jogo em favor de uma aprendizagem efetiva, isto é, explorando o jogo em detalhes e em estreita conexão com o conteúdo subjacente a ele, de maneira mais direta, o ensino e a aprendizagem caminham lado a lado em prol de obter melhores resultados para o aprendizado da Matemática pelos alunos.

Pesquisas têm mostrado resultados surpreendentemente agradáveis, na maioria das vezes, após os alunos terem se acostumado a jogar um jogo didático algumas vezes e o professor ter proposto problemas que têm relação com o jogo em si.

Mas, para que isso ocorra, é importante que o jogo tenha propósitos didáticos bem definidos, as regras estejam claras para todos os jogadores e o seu jogar não pode constituir-se de uma diversão sem propósitos, apenas.

O jogo deve procurar, de modo subliminar, apresentar condições para a apropriação de algum conteúdo da Matemática e fazer com que os jogadores pensem antes de tomar uma decisão em relação à jogada que irão fazer em seguida.

Assim, ao jogar de modo consciente o estudante está constantemente racionando para tomar uma decisão, ou seja, fazer uma jogada. Decisão esta que ele espera seja oportuna e útil para, em prosseguimento, deixar o seu oponente em uma situação embaraçosa, se for o caso, a qual terá o propósito de facilitar sua vitória.

Também, que as ações conscientes de raciocinar para tomar uma decisão lhes sejam importantes mais adiante de modo vir a mobilizá-las com o objetivo de melhor compreender acerca da fundamentação das ideias pertinentes aos conceitos, estratégias e procedimentos. Ideias que estejam em consonância com o conteúdo objeto do jogo, bem como para ajudá-lo durante a resolução de problemas que tenham sido propostos ao final do jogo ou em outros momentos como, por exemplo, os problemas propostos no livro didático.

Salientamos pois, e mais uma vez, a importância que o jogo didático tem no sentido de oportunizar ao aluno melhorar o processo de aprendizagem. Também, no tocante ao exercício da docência pelo professor, pela oportunidade que ele oferece de favorecer a busca por mecanismos que contribuam para a melhorar o seu trabalho.

Assim, o jogo torna-se uma ferramenta pedagógica que oportuniza a apropriação de conhecimentos pelo aluno (também, pelo professor), a internalização e o desenvolvimento de conceitos matemáticos, instrumento de auxílio na resolução de problemas com conteúdo matemático, e a oportunidade de o professor conhecer mais de perto como o seu aluno pensa, como avalia possibilidades de jogo e de que modo, de posse delas, toma uma decisão (faz uma jogada).

Assim, espera-se que o jogo permita ao professor cumular tais experiências com a proposição e o acompanhamento dos jogos com os seus alunos para o seu dia a dia na docência, de modo que a partir do jogo possa filtrar tudo o que possa a vir a ajudá-lo nas tomadas de decisão relacionadas com o seu trabalho pedagógico.

Fato é que o jogo é uma forma proveitosa e direta de o professor acompanhar mais de perto as reações de seus alunos frente às adversidades inerentes a todo jogo. E a oportunidade de conhecer, também, como eles se comportam para tentar superá-las, bem como o modo como cada um pensa e age diante de tal necessidade.

Ressaltamos que os conhecimentos que são compreendidos e aprendidos a partir da leitura de um livro como este, que versa sobre uma temática que é própria da Matemática Recreativa, ocorram de um modo similar ao prazer que se obtém quando se saboreia um bom vinho: *em um suave, apetitoso e prazeroso contínuo.*

Em muitos casos, de tempos em tempos retornamos a vontade de abrir uma nova garrafa de um mesmo vinho seja pelas boas lembranças que se tem do seu sabor seja por um novo momento que assim o pede.

O mesmo se pode dizer em relação a este livro, pois haverá momentos em que você possivelmente irá sentir necessidade de rever partes do texto para certificar-se de que está no caminho certo, ou para refrescar sua vontade de exercitar.

Ademais, esta obra não se esgota em si.

Não se aquiete, pois. Tampouco deixe este livro esquecido na estante da sua casa, ou na biblioteca da sua escola.

Faça deste livro um companheiro inseparável para a preparação das suas aulas, ou para propor atividades aos seus alunos.

Seja pelo sabor que ele certamente irá deixar em você ou por outra razão pessoal, volte a saboreá-lo muitas e muitas vezes, por todo o sempre.

Saboreio-o!

Divirta-se!

Aprenda com ele!

Jogos Combinatórios

Que tipo de Jogo é considerado um Jogo Combinatório?

Segundo Colipan (2016), a aplicação sistemática da Matemática, tomando por base a utilização de jogos, é um fenômeno relativamente recente, embora os jogos existam durante toda a nossa história.

Segundo Berlekamp; Conway e Guy (2001) a "*Teoria dos Jogos Combinatórios*" é uma teoria matemática que estuda os jogos entre 2(dois) jogadores que jogam por algumas rodadas, com regras bem definidas, com o objetivo de chegar a uma certa condição de vitória.

O artigo dos autores é o ponto de partida de uma teoria dos anos 1960, cujos resultados estão no livro "*Winning Way four your Mathematical Plays*", publicado em 1982. Embora antigo, o livro é considerado o livro de referência da Teoria dos Jogos Combinatórios até os dias de hoje.

Quais características têm um Jogo Combinatório?

De forma precisa, os autores Berlekamp; Conway e Guy (2001) definiram o que é um jogo combinatório. Segundo Colipan (2016), desde então esta definição foi adotada pela comunidade matemática da área.

A definição acerca do que vem a ser um "Jogo Combinatório", segundo Berlekamp; Conway e Guy (2001) é composta de 8(oito) axiomas, listados em prosseguimento:

- **Axioma 1.** O jogo é disputado por 2 (dois) jogadores, que jogam alternadamente.
- **Axioma 2.** O jogo é determinado por uma quantidade finita de posições. A posição de partida, ou o início do jogo, é conhecida pelos 2 (dois) jogadores.
- **Axioma 3.** A regra do jogo caracteriza claramente as jogadas que podem ser realizadas em cada rodada a partir de uma posição dada, ou seja, a partir de uma posição conhecida. As posições são denotadas por P e o conjunto de posições acessíveis em uma dada jogada é chamada de "opções de P", denotada por opç(P).

Considerando estas definições, fazer uma jogada a partir de uma dada posição corresponde a escolher uma das opções desta posição, isto é, escolher uma e somente uma opção dentre todas as possíveis opções opc(P).

- **Axioma 4.** Os 2 (dois) jogadores jogam alternadamente e estão proibidos passar a vez.

A explicação é que se um dos jogadores pudesse passar a vez, o jogo poderia não terminar jamais. De fato, se um jogador descobre que não pode ganhar, ele passava a vez e o outro jogador não irá querer continuar.

- **Axioma 5.** Os 2 jogadores conhecem perfeitamente o estado do jogo, isto é, cada jogador conhece a posição e o conjunto de opções dessa posição em cada jogada.
- **Axioma 6.** O acaso (azar) não intervém nas jogadas.
- **Axioma 7.** Na convenção normal de um jogo combinatório o primeiro jogador que não pode jogar é o perdedor, isto é, o jogador que tem a última jogada válida ganha o jogo.

Quando a convenção inversa é adotada se chama de convenção oposta, isto é, o jogador que tem a última jogada válida perde.

- **Axioma 8.** A regra do jogo deve ser construída de tal maneira que o jogo tenha um fim em um número finito de jogadas, isto é, cada jogada deve aproximar-nos do fim do jogo. A partida só termina quando um dos jogadores já não pode mais jogar.

Isto é, cada jogada deve aproximar os jogadores para o fim do jogo. A partida só termina quando um dos jogadores não puder seguir jogando.

Segundo Duchene (2006), entre os Jogos Combinatórios estão os seguintes: O Jogo de Nim, O Jogo el Chomp, O Jogo el Cram, e o Jogo el Sprouts, entre outros.

Segundo Colipan (2016), um famoso jogo da teoria dos Jogos Combinatórios é o Jogo de Marienbad (Do filme "O ano passado em Marienbad").

Eis a regra desse jogo:

"O jogo é disputado por 2 jogadores e 4 filas de objetos com 1, 3, 5 e 7 elementos, respectivamente. Os jogadores devem, em cada uma de suas rodadas (em cada vez), retirar 1(um) ou mais objetos de uma única fila (também podem ser retirados todos os objetos de uma mesma fila). Perde o jogo quem retirar o último objeto".

O Jogo de Marienbad é uma variante de um jogo muito famoso chamado de "Jogo de Nim", que tem inspirado muitos trabalhos em Matemática (BOUTON, 1901).

Por outro lado, há Jogos que não são considerados como Jogos Combinatórios.

Segundo Duchene (2006), entre os "Jogos não Combinatórios" está o "*Jogo de Dominó*", por conta desse jogo não cumprir os seguintes Axiomas:

Axioma 4. Os 2 jogadores jogam alternadamente e está proibido passar a vez;

Axioma 5. Os 2 jogadores conhecem perfeitamente o estado do jogo, isto é, cada jogador conhece a posição e o conjunto de opções dessa posição em cada jogada, e

Axioma 6. O acaso (azar) não intervém nas jogadas.

Também o "Jogo de Xadrez" é um "Jogo não Combinatório", por conta desse jogo não cumprir os seguintes Axiomas:

Axioma 3. A regra do jogo caracteriza claramente as jogadas que podem ser realizadas em cada rodada a partir de uma posição dada, ou seja, a partir de uma posição conhecida. As posições são denotadas por P e o conjunto de posições acessíveis em uma dada jogada é chamado de "opções de P", denotada por opç(P), e o

Axioma 7. Na convenção normal de um jogo combinatório, o primeiro jogador que não pode jogar é o perdedor, isto é, o jogador que tem a última jogada válida, ganha o jogo.

Os "Jogos de Cartas" também são tipos de "Jogo não Combinatório", por conta desses jogos não cumprirem os seguintes axiomas:

Axioma1. O jogo é disputado por 2 jogadores, que jogam alternadamente,

Axioma 5. Os 2 jogadores conhecem perfeitamente o estado do jogo, isto é, cada jogador conhece a posição e o conjunto de opções dessa posição em cada jogada, e

Axioma 6. O acaso (azar) não intervém nas jogadas, mesmo que o jogo seja disputado por 2 jogadores.

Há outros "Jogos não Combinatórios".

Em um Jogo Combinatório, como em qualquer outro jogo, claramente há o objetivo claro de cada jogador em vencer o seu oponente. Para que isso ocorra há 2 alternativas a considerar:

1ª) jogar o jogo ao acaso, com o componente azar presente, e deixar que o destino decida por cada jogador que assim proceder;

2ª) jogar, mas encontrar um método que nos permita ganhar sempre, seja qual for o jogo do nosso adversário. Essa alternativa é conhecida como "*estratégia ganhadora*".

Para tal, definimos uma "*estratégia ganhadora*" como o método (receita, técnica, procedimento) que é utilizado por um jogador com o propósito de ao tomar tal estratégia ele vá fazendo suas jogadas consoante as orientações nelas estabelecidas, com a certeza absoluta de que essas orientações o levarão à vitória independentemente das jogadas que venham a ser feitas pelo seu adversário durante o desenrolar de uma partida.

Assim, toda posição que conduza um jogador à vitória é chamada "posição ganhadora", isto é, diz-se estar em uma "posição ganhadora" todas as vezes em que, potencialmente jogando bem, ou seja, aplicando uma estratégia, estamos seguros de que vamos ganhar (que sairemos vencedor).

Por outro lado, toda posição "não ganhadora", é perdedora. Isto é, uma "posição perdedora" é uma posição segundo a qual não estamos seguros de que vamos ganhar (de que sairemos vencedores).

Ainda, segundo Colipan (2016), os problemas matemáticos de "Jogos Combinatórios" têm uma natureza heurística bastante complexa. De fato, segundo a autora, resolver um jogo combinatório corresponde a encontrar uma estratégia ganhadora e/ou caracterizar as posições ganhadoras e perdedoras do jogo.

Portanto, as noções que foram abordadas aqui são consideradas essenciais para os momentos em que se está diante de resolver situações próprias de um jogo deste tipo.

Sumário

Capítulo 1

Jogos Para o Ensino-Aprendizagem de Combinatória Básica

1.1 Jogos para desenvolver o raciocínio (pensamento) combinatório

Este capítulo tem o propósito de apresentar jogos concernentes ao estudo de análise combinatória, os quais podem ser propostos a alunos da educação básica, preferencialmente, mas também a alunos do ensino superior: durante toda a etapa de formação inicial de professores que irão ensinar matemática para alunos da educação básica ou em formações continuadas de professores em serviço, ou seja, que já ensinam matemática.

Diversos documentos curriculares, tais como: Parâmetros Curriculares Nacionais (PCN), Base Nacional Comum Curricular (BNCC) e artigos científicos de pesquisadores da área de Educação Matemática, têm defendido o uso do jogo em sala de aula como um recurso didático que possibilita o desenvolvimento de diferentes modos de raciocinar.

No tocante ao trabalho docente do professor de matemática com os jogos, e por meio deles, os pesquisadores defendem que eles contribuem fortemente para a apropriação e o desenvolvimento de conhecimentos acerca de conceitos matemáticos, tanto pelos estudantes quanto os professores.

Entendemos que o ensino-aprendizagem de análise combinatória não pode ser esquecido ou negligenciado na escola. Assim, a contribuição do conteúdo deste livro se reveste de vital importância e significados com respeito à proposição de jogos de combinatória.

A proposição de jogos de combinatória, desde os anos iniciais do ensino fundamental, precisa sim ser feita conforme as orientações nesse sentido, presentes tanto na BNCC quanto nos currículos estaduais e municipais prescritos, os quais têm respaldo em recomendações presentes na BNCC.

Tal consideração ganha maior vulto quando estendemos essa preocupação para o cotidiano do professor, o mundo do trabalho e as nossas vidas em família, com os alunos.

Diariamente as pessoas são "*bombardeadas*" com diversas informações mundo afora, muitas delas com um viés associado com o exercício do *pensamento combinatório*.

Por conta disso, tanto a educação matemática quanto a literacia combinatória revestem-se de fundamental importância serem ensinadas a todos os cidadãos de modo que melhor compreendam diversas questões que estão presentes na sociedade, ainda mais nos dias de hoje, no mundo globalizado em que vivemos. Questões que precisam, pois, ser ensinadas aos estudantes, e não apenas no seio das salas de aula em escolas, mas em família e em espaços urbanos.

Portanto, torna-se imprescindível que a escola não se omita nesta empreitada - necessária e essencial que ela é. Ainda mais, por conta de o senso comum fortemente pregar - todos os dias - a ideia que "é de pequeno que se aprende ...".

Entendemos que a escola tem o dever de proporcionar condições favoráveis para que as crianças desenvolvam competências de reflexões e análises críticas em relação às diferentes informações que leem, ouvem, veem, falam ou escrevem - tanto na escola, desde os anos iniciais de escolaridade, quanto fora dela, em família e na sociedade.

Por conta disso, um amplo estudo acerca de conceitos relativos às temáticas análise combinatória, probabilidade e estatística, no mínimo, não podem deixar de contemplar objetivos relacionados com propostas de formação continuada de professores de matemática em atividade no ensino básico, como os objetivos listados em prosseguimento:

- Torna-se imprescindível que estudos de análise combinatória sejam ofertados aos professores da educação básica de modo que esses estudos contribuam efetivamente para o desenvolvimento profissional docente;
- É preciso tornar visível a atualidade e a consequente importância de ensinar e proporcionar aprendizagem de conceitos básicos de análise combinatória por meio de ações presentes em resultados de pesquisas e estudos no seio da Educação Matemática. E estas iniciativas não devem ocorrer apenas em encontros e/ou jornadas formativas, como também ir ao encontro de fomentar o acesso a trabalhos científicos e livros;
- É importante divulgar os resultados de estudos que tenham sido realizados no âmbito da educação, formação docente e o ensino de análise combinatória;
- É fundamental disseminar os resultados de trabalhos de pesquisas que visam aprofundar a compreensão de conteúdos próprios ao ensino-aprendizagem de análise combinatória, discutindo situações didáticas com/entre os professores, de modo que eles estejam mais bem preparados para o trabalho docente com esse conteúdo.

Em particular, no tocante ao desenvolvimento do *raciocínio combinatório* na escola básica, é preciso que desde a Educação Infantil e os anos iniciais do ensino fundamental se disseminem situações simples de ensino-aprendizagem de combinatória de modo que o exercício deste importante pensamento matemático esteja acessível às crianças, apresentando-o e desenvolvendo-o, vez que não se trata de um raciocínio inato.

Ou seja, que os problemas simples de combinatória sejam propostos às crianças desde a mais tenra idade, desde que compreensíveis ao nível cognitivo delas e em diferentes momentos da aprendizagem, momentos esses que tenham sido considerados como adequados e propícios, pelo professor.

Para tal, é preciso incentivar a criação e a estruturação de recursos materiais adequados que estimulem o desenvolvimento do raciocínio combinatório, em um primeiro momento. Em uma visão mais ampla, a possibilidade do oferecimento de recursos que favoreçam novas e diversificadas formas de pensar a Matemática.

Sendo assim, é preciso que se considere relevante o fato de o ensino-aprendizagem da matemática prescindir do desenvolvimento de modos diferenciados de raciocinar. Uma vez se tenha em mente a importância dessa questão para o amadurecimento cognitivo dos alunos, o professor precisa estar preparado para lidar com todas essas questões tanto no seio da sala de aula quanto em situações outras fora da sala de aula em um ambiente escolar ou comunitário.

Também no que refere aos demais modos que há para mobilizar cada um dos raciocínios: o pensar algébrico, o pensar geométrico, o pensar probabilístico, o pensar combinatório, o pensar estatístico etc.

Sendo assim, consideramos que o foco do trabalho do professor não pode/deve estar voltado para a necessidade e imposição com a qual se sinta impelido a trabalhar de modo massificado, os diversos conteúdos específicos da

Matemática. Principalmente quando o livro didático é o único instrumento utilizado pelo professor em sala de aula, como se tem identificado Brasil afora, com grande intensidade e diferentes situações.

Portanto, é preciso estimular os professores da escola básica ao salutar hábito de desenvolverem diferenciados olhares no que diz respeito ao ensino, aprendizagem e avaliação, em Matemática e por meio dela.

Entre tais olhares está o de o professor perceber a importância de desenvolver competências entre os alunos em relação ao desenvolvimento de modos variados de raciocinar, com o objetivo de oportunizar que eles experimentem diferenciados estímulos, tendo como propósito o de melhorar o ensino escolar como um todo. Queremos formar cidadãos críticos, conscientes da importância que o estudo representa para a inserção de cada um na sociedade.

Dentre os modos variados de raciocinar, salientamos que o professor estimule o desenvolvimento dos raciocínios probabilístico, estatístico e combinatório, de modo integrado. Mas é imprescindível que não o faça em detrimento dos demais raciocínios matemáticos, como os raciocínios geométrico, numérico e algébrico, por exemplo.

Levando em conta o que descrevem Gal (2002) e Watson e Callingham (2003) acerca do *letramento estatístico*, Teixeira (2021) considera oportuno fazer um paralelo para descrever sobre o que assume serem os pilares em que se sustenta o *letramento combinatório* (*literacia combinatória*).

Segundo Teixeira (2021), por meio de um modelo que considera as condições necessárias para o enfrentamento na resolução de problemas de contagem no seio do conteúdo análise combinatória, um indivíduo é considerado *letrado combinatoriamente* quando se apropria das seguintes competências:

- ***Compreende*** a natureza e as consequências de uma tomada de decisão quando da realização de ações que têm o propósito de "*combinar*" objetos, no dia a dia, colocando-se na posição da pessoa que vai realizar tais ações;
- ***Mobiliza*** o exercício constante do *pensamento combinatório* quando da construção de uma representação numérica ou de uma representação gráfica: uma árvore de possibilidades, por exemplo;
- ***Categoriza*** as características que são consideradas necessárias estar presentes nos agrupamentos-solução (agrupamentos de objetos obtidos ao final de todas as "combinações" entre os objetos disponíveis, e que atendam às condições estabelecidas no enunciado do problema de contagem em questão), de modo que se prepare para formar o correspondente espaço amostral ou faça a descrição dos elementos que o identificam;
- ***Compreende*** como se dá a aplicação do P*rincípio Multiplicativo* e do P*rincípio Aditivo*, P*rincípios Fundamentais da Contagem*, em conjunto ou não, como condição necessária para o encaminhamento da resolução de um problema de contagem;
- ***Estabelece***, ***entende***, ***quantifica***, ***compara*** e ***enumera*** todas as possibilidades (agrupamentos-solução) decorrentes das "*combinações entre objetos*" quando for preciso e quando essa quantidade não for tão grande a ponto de inviabilizar que tal seja feito.

Assim, para o entendimento de conceitos, estratégias e procedimentos de análise combinatória e a apropriação de competências necessárias ao enfrentamento de situações durante a resolução de problemas de contagem, será preciso que um aluno se aproprie de todas as competências apresentadas acima - sem a dispensa de nenhuma delas -, como condições para a caracterização, o desenvolvimento e a mobilização do *pensamento combinatório*.

Os jogos que serão apresentados neste capítulo foram pensados e planejados com o propósito de permitir que o aluno mobilize o *raciocínio combinatório* para construir uma representação gráfica e/ou uma representação numérica. E, assim:

- Obter a solução para um problema de contagem que tenha relação direta com o jogo;
- Realizar experiências diversas com o propósito de aplicar os Princípios Fundamentais da Contagem: Aditivo e Multiplicativo, separadamente ou em conjunto;
- Apropriar-se de conceitos, procedimentos e estratégias da combinatória que são necessários encaminhar para a resolução de um dado problema de contagem.

Ou seja, os jogos são disparadores do ensino-aprendizagem da Combinatória no sentido de que com eles e por meio deles os alunos possivelmente sintam-se em condições favoráveis para melhor compreender e exercitar competências combinatórias, como as que foram listadas acima.

Em prosseguimento, um total de 23 jogos que versam sobre conteúdos de combinatória, presentes na Educação Básica, serão descritos, de modo que possam ser compreendidos pelo professor e, posteriormente, sejam propostos em sala de aula ou em ambiente que seja propício ao jogar com criticidade.

No tocante à compreensão da estrutura dos jogos e o jogar, o mesmo se aplica aos leitores em geral.

1.2 Jogo I

Jogo de tabuleiro: "Atingir 3 (três) dentre todas as bandeiras do adversário, com o acerto das cores em suas respectivas listras"

I Objetivos

Trata-se de um jogo que é disputado entre 2 oponentes. O objetivo deste jogo é desenvolver a leitura e a localização de entradas em uma tabela de dupla entrada por meio de um mapa do tipo "*Batalha Naval*", chamado tabuleiro e a avaliação das possibilidades de pinturas de listras de bandeiras com 3, 4 e 5 listras ou então a avaliação das possibilidades de pinturas de regiões de bandeiras com 4 quadrantes, por meio da mobilização do pensamento combinatório nas tomadas de decisão relativas à definição da cor de uma listra ou de uma região, em uma bandeira.

II. Recursos materiais que são necessários serem disponibilizados para o desenvolvimento do jogo e os registros que precisam ser feitos

O jogo se desenrola por meio do uso de uma ficha contendo as instruções do jogo; de 2 fichas - uma ficha para cada jogador -, cada ficha contendo 2 tabuleiros.

A Figura1, a seguir, mostra-nos uma ficha não preenchida, com os 2 tabuleiros: à esquerda o tabuleiro do jogador A e à direita o tabuleiro do seu oponente.

O jogador A preenche o tabuleiro desenhado à direita, rodada a rodada, conforme vão sendo feitas as apostas do seu oponente enquanto o tabuleiro à esquerda é relativo às suas apostas no jogo. Situação idêntica ocorre com o oponente do jogador A em relação ao tabuleiro que esteja em suas mãos.

Figura 1: Tabuleiro do Jogo "Atingir 3 dentre todas as bandeiras do adversário com o acerto de cores e suas respectivas listras". Fonte: o autor

Estão disponíveis para o jogo o uso das seguintes cores: amarela, azul, vermelha, verde ou preta. É preciso fazer uso de lápis de cor nessas cores, ou na ausência destes, os jogadores podem usar um lápis preto ou uma caneta de cor azul ou preta e ao invés de irem colorindo as listras ou regiões das bandeiras podem escrever as inicias de cada cor que vai sendo escolhida, escrevendo assim: amarela (AM); azul (AZ); vermelha (VM); verde (VD) ou preta (PR).

Na parte esquerda de cada tabuleiro, cada um dos jogadores desenha (posiciona, representa) um conjunto de 8 bandeiras, as quais devem ser escolhidas dentre as bandeiras com 3, 4 ou 5 listras horizontais ou verticais (no máximo, 2 cores iguais; no máximo, 2 pares de cores iguais; as 5 cores são distintas) ou bandeiras com o formato de 4 (quatro) quadrantes justapostos (regiões com fronteira comum pintadas de cores distintas), mostradas na Figura 2, a seguir:

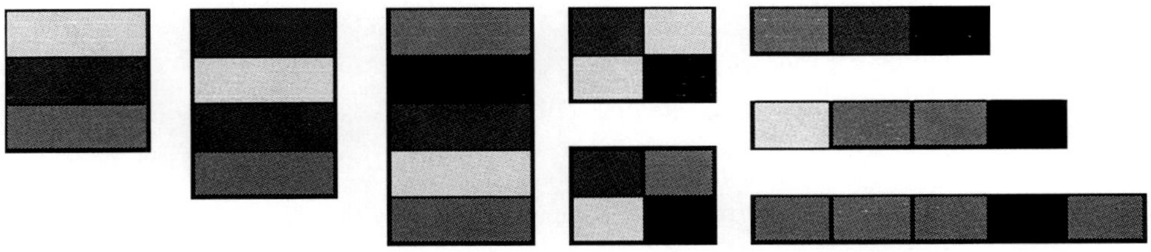

Figura 2: Conjunto de pinturas de bandeiras que podem ser escolhidas para serem desenhadas em um tabuleiro. Fonte: o autor

A Figura 3, a seguir, mostra-nos um tabuleiro preenchido por um possível jogador, o qual já está pronto para dar início a uma partida deste jogo.

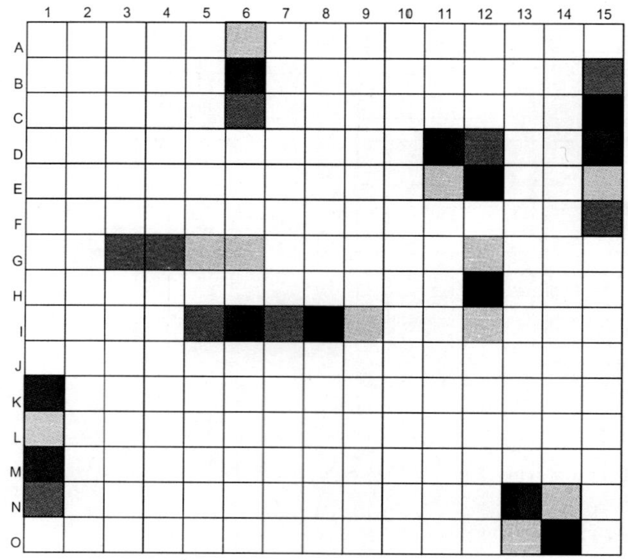

Figura 3: Tabuleiro totalmente preenchido, para o início de uma partida. Fonte: o autor

No tabuleiro que está desenhado acima, o jogador escolheu desenhar 4 bandeiras com listras no sentido vertical; 2 bandeiras com listras no sentido horizontal e 2 bandeiras com regiões em quadrantes. Observe que todas as listras e regiões contíguas das bandeiras escolhidas foram pintadas com cores que atendem às restrições indicadas acima, pois esta é uma das regras que deve ser respeitada pelos 2 jogadores.

III. Orientações quanto às regras do jogo (professor e alunos devem ler com atenção)

As seguintes regras devem ser obedecidas pelos jogadores:

(a) Cada jogador posiciona 8 (oito) bandeiras de quaisquer tipos (como mostrado acima) em seu tabuleiro - todas as listras e regiões devidamente pintadas -, e deve cuidar para que o seu oponente não veja os registros que foram feitos.

(b) O jogo pode começar após uma disputa do tipo "zero ou um ou dois" entre os 2 jogadores: uma vez nomeada a palavra "já", os 2 jogadores apresentam ou o dedo indicador ou a mão estendida um ao outro, conforme a aposta tenha sido pelo 0 ou pelo 1 ou pelo 2, referente ao somatório de pontos. O vencedor da disputa é o jogador que escolheu a aposta que confirma o que é mostrado pelas mãos.

(c) Uma vez tenha sido definido o jogador que vai iniciar o jogo este deve "fazer um lançamento em direção ao tabuleiro do oponente" na forma de uma terna ordenada indicada assim: (entrada 1 da tabela de dupla entrada, entrada 2 da tabela de dupla entrada, cor da listra ou da região da bandeira que pretende atingir).

Vamos exemplificar os tipos de lançamentos que podem ser feitos por um jogador, e as respectivas respostas que o oponente terá de dar ao oponente após conferir os registros do seu tabuleiro:

- Por exemplo, conforme o tabuleiro mostrado na Figura 4, a seguir, se o lançamento tiver sido (B, 6, azul), tal lançamento configura que "*o jogador atingiu uma listra ou região da bandeira do adversário. Inclusive, que acertou a cor da pintura*". A resposta que o adversário terá de dar ao seu oponente é, então, a de que ele obteve "*bingo*", isto é, que ele "*acertou o lançamento em cheio*";

- Por exemplo, conforme o tabuleiro mostrado na Figura 4, a seguir, se o lançamento tiver sido (G, 3, azul), tal configura que "*o jogador atingiu uma listra ou região da bandeira do adversário, mas não acertou a cor da pintura*". A resposta que o adversário terá de dar ao seu oponente é, então, que ele "*acertou no escuro*", isto é, "*acertou uma listra ou região de uma bandeira, mas não a cor em que esta listra ou região está pintada*";
- Por exemplo, conforme o tabuleiro mostrado na Figura 4, a seguir, se o lançamento tiver sido (A, 5, amarela), tal configura que "*o jogador não atingiu uma bandeira do adversário*". A resposta que o adversário terá de dar ao seu oponente é, então, que ele "*atingiu a* água" (no sentido de se portar como se estivesse em "uma Batalha Naval"), ou seja, que ele não acertou nenhum "alvo", nenhuma listra ou região.

(d) Alternadamente, cada jogador tem o direito a fazer um lançamento, mas o jogador que obteve "bingo" continua a fazer novo lançamento, só parando de fazer lançamentos quando tiver errado.

(e) Cada jogador deverá registrar os lançamentos que fez no tabuleiro indicado como sendo o do seu oponente, de modo que ele possa refletir acerca dos lançamentos futuros, e também, de modo que não volte a fazer um lançamento que já tenha feito antes.

(f) Os jogadores prosseguem jogando alternadamente ou não.

(g) A disputa é feita por partidas únicas, isto é, em cada partida vence o jogador que primeiro atingir um total de 3 bandeiras por completo do adversário, independentemente dos tipos de bandeiras que foram atingidas ao longo da disputa.

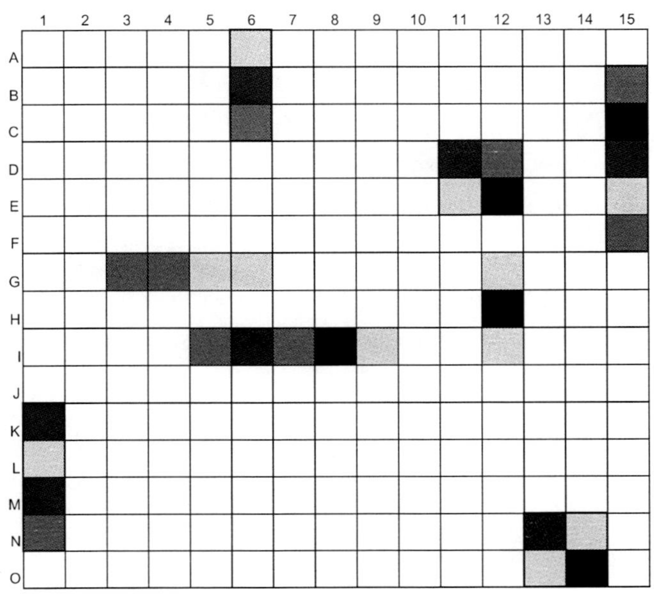

Figura 4: Tabuleiro com pinturas de bandeiras, de modo a ilustrar possíveis respostas para os lançamentos dos jogadores. Fonte: o autor

IV. Objetivo pedagógico do jogo

O objetivo pedagógico do jogo é o de oportunizar aos jogadores refletirem acerca das estratégias que podem ser postas em prática, de modo que se comportem como jogadores proativos, ou seja, jogadores que desejam vencer o jogo.

Assim, após algumas partidas em disputa, será possível perceber qual estratégia é melhor que outras para "atingir as bandeiras do adversário". Para tal, faz-se necessário que cada jogador assimile bem as regras, e mobilize o pensamento combinatório em relação à cor de uma listra ou região de uma bandeira, considerando que listras ou regiões contíguas não devem ser pintadas com a mesma cor.

Talvez fosse interessante que o jogador pensasse em maneiras diversas para distribuir as bandeiras pelo seu tabuleiro, com o propósito de confundir o oponente.

Portanto, o objetivo principal do jogo é o de que os jogadores mobilizem o pensamento combinatório nas buscas para encontrar uma estratégia vencedora e a utilizem, na prática.

V. Organização dos alunos em sala

Os participantes podem se divertir com o jogo em duplas ou em grupos menores (dois jogadores em cada grupo).

VI. Explorando algumas possíveis variações do jogo, e a proposição de problemas

Existe também a possibilidade de o jogo ser preenchido sem a necessidade de fazer uso de cores. Por exemplo, fazendo uso de letras: A, B, C, D e E ou fazendo uso de números: 1, 2, 3, 4 e 5.

VII. Alunos comunicando a aprendizagem, e a proposição de problemas

Recomenda-se ao professor que oportunize aos alunos a possibilidade de eles mostrarem o que aprenderam com o jogo comunicando a aprendizagem, a partir do jogo. Interessante e oportuno seria que os alunos tivessem a oportunidade de se expressarem no grupo como um todo.

Também por meio da resolução de algumas questões, dentre as quais sugerimos as seguintes:

(a) A Figura 5, a seguir, representa um mosaico com 4 regiões distintas, denominadas quadrantes.

primeiro quadrante	segundo quadrante
primeiro quadrante	segundo quadrante

Figura 5: Mosaico com 4 regiões distintas, de modo a ilustrar respostas para a questão (a). Fonte: o autor

Respeitando as regras do jogo e fazendo uso de 2 (duas) cores (por exemplo, amarelo e vermelho), quantos diferentes mosaicos é possível pintar?

Mostre todos os possíveis desenhos dos mosaicos.

(b) Considere o mosaico da Figura 5, acima. Respeitando as regras do jogo e a disponibilidade das cores verde, amarelo, azul e vermelho, quantos mosaicos distintos podem ser pintados, quando o 1º quadrante for pintado com a cor verde?

Mostre todos os desenhos dos mosaicos.

(c) Considere o mosaico da Figura 5, acima. Respeitando as regras do jogo e a disponibilidade das cores verde, amarelo, azul e vermelho, quantos mosaicos distintos podem ser pintados quando o 1º quadrante for pintado com a cor vermelha?

(d) Considere o mosaico da Figura 5, acima. Respeitando as regras do jogo e a disponibilidade das cores verde, amarelo, azul e vermelho, quantos mosaicos distintos podem ser pintados?

O professor também pode propor que os alunos criem novos problemas a partir da problemática presente no jogo, e a sugestão de que os outros alunos da turma os resolvam. Considere a possibilidade de os outros alunos fazerem modificações nos textos apresentados pelos colegas, de maneira que eles fiquem mais claros e efetivos, se for o caso.

Colaborando com essa sugestão os alunos podem propor questões semelhantes às que foram objeto dos itens (a) a (d), acima, escrevendo os enunciados em "tiras de papel" ou em "cartões em E.V.A".

Uma vez que os enunciados dessas novas questões tenham sido escritos em "tiras de papel" ou em "cartões em E.V.A", sugerimos que eles sejam colocados em uma caixa de papelão de modo que possam ser sorteados, um a um, à medida que todos os alunos forem resolvendo as questões em conjunto, na turma como um todo.

Em seguida, recomendamos que o professor proponha reflexões e discussões coletivas entre todos os alunos acerca das respostas que tenham sido apresentadas por eles, de modo que as resoluções corretas sejam validadas e modificações sejam feitas nas resoluções que possivelmente estejam incompletas ou contenham algum erro.

Esses momentos têm o propósito de motivar os alunos a resolverem variados problemas, os quais foram elaborados por eles mesmos e a validação das escolhas que estão relacionadas com a utilização de estratégias de resolução distintas.

Ademais, reforçamos a frequente sugestão de o professor atuar como mediador das discussões que ele promove, em resposta às demandas dos seus alunos e às atividades que propõe que eles façam.

Mas se o professor achar necessário também pode propor questões que não tenham sido contempladas pelos alunos, uma vez que considere importante que eles as resolvam e toda a turma reflita a respeito.

1.3 Jogo II

Jogo "Escolher cartas de um "monte" com 24 cartas (pintadas nas cores amarela e verde) de modo a fazer pinturas de bandeiras com 3 listras em cada"

I. Objetivo

Trata-se de um jogo que é disputado entre 2 jogadores. O jogo se desenrola por meio do uso de 1 (um) "monte" com 24 (vinte e quatro) cartas no total, cada grupo de 12 cartas sendo pintadas com a mesma cor, dentre as cores amarela e azul. A Figura 6, a seguir, mostra-nos as 24 cartas do "monte" de cartas.

Figura 6: Tabuleiro com pinturas de bandeiras para ilustrar as respostas de lançamentos feitos pelos jogadores. Fonte: o autor

O objetivo do jogo é que os jogadores mobilizem o pensamento combinatório, de maneira que possam estabelecer "combinações" de cores que deem conta de pintar bandeiras com 3 listras horizontais respeitando as condições de pelo menos 2 dentre as 3 listras de cada bandeira serem pintadas com a cor amarela ou todas as listras da bandeira serem pintadas com a cor azul, como as bandeiras que são mostradas na Figura 7, a seguir:

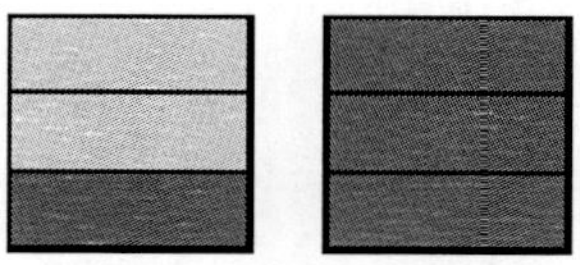

Figura 7: Pinturas de bandeiras para ilustrar respostas para os lançamentos dos jogadores. Fonte: o autor

II. Material a ser disponibilizado para uso durante o jogo

O jogo requer o uso de 1 (um) "monte" com 24 (vinte e quatro) cartas no total, cada 12 cartas pintadas com a mesma cor, escolhidas dentre as cores amarela e azul, como mostrado acima; 1 dado com 6 faces, cada face com o indicativo de um número de 1 a 6; 1 (uma) folha de papel em branco para cada jogador; lápis preto ou caneta na cor azul ou preta para as anotações pessoais de cada jogador.

III. Orientações quanto às regras iniciais (professor e alunos devem ler com atenção)

Os 2 jogadores se posicionam ao redor de uma mesa (circular, quadrada ou retangular), um defronte do outro. As 24 cartas são "embaralhadas", e em seguida, são colocadas sobre a mesa à frente dos 2 jogadores, formando um "monte" de cartas com as faces voltadas para baixo.

Para escolher o jogador que vai iniciar o jogo, os jogadores fazem uso do dado de 6 faces e após jogá-lo ao chão decidem qual vai iniciar jogando, por meio da escolha de números pares e de números ímpares para cada um dos jogadores.

Em seguida, cada jogador retira 3 cartas do "monte" de cartas, cuidando para que o seu oponente não veja as faces das cartas que foram retiradas.

Uma vez conhecido o jogador que vai iniciar jogando, ele retira uma carta do "monte" de cartas e junto com as 3 cartas que tem em mãos verifica se é possível fazer a pintura de uma bandeira de 3 listras horizontais, como a bandeira com o formato mostrado acima, respeitadas as regras de pelo menos 2 dentre as 3 listras de cada bandeira serem pintadas com a cor amarela, ou todas as listras da bandeira serem pintadas com a cor azul.

Se não for possível fazer uma pintura para a bandeira, o jogador descarta sobre a mesa 1 (uma) carta, com a face voltada para cima, dentre as 4 cartas que tem em mãos, e passa a vez para que o seu oponente jogue, em prosseguimento ao jogo.

Se for possível que uma pintura da bandeira seja feita o jogador apresenta as três cartas que compõem tal pintura sobre a mesa, junto de si, de maneira que tal ação permita que o seu oponente constate a validade de tal pintura ou não. Uma vez que tal pintura da bandeira tenha sido validada essa mesma pintura não mais poderá ser apresentada por qualquer um dos 2 jogadores.

As 3 cartas que compõem a pintura da bandeira deverão ficar sobre a mesa com as faces voltadas para cima até que o jogo termine. Em seguida, o jogador faz o registro dessa pintura por meio da construção inicial de uma árvore de possibilidades.

A Figura 8, a seguir, mostra o modelo de construção de uma árvore de possibilidades ainda incompleta, que bem poderia configurar determinado momento de um jogo em disputa.

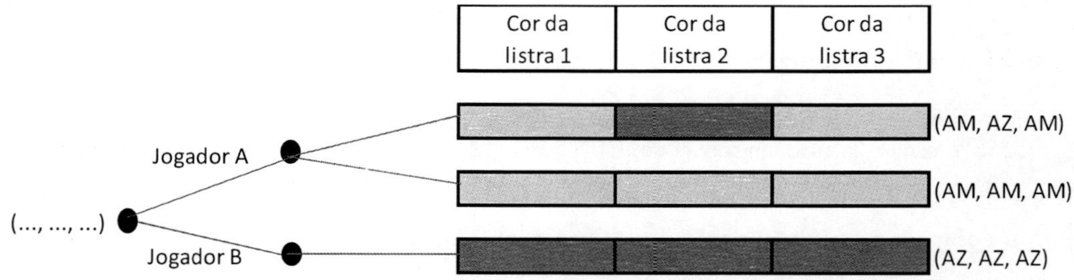

Figura 8: Tabuleiro com pinturas de bandeiras para ilustrar as respostas para lançamentos dos jogadores. Fonte: o autor

A árvore de possibilidades incompleta, mostrada anteriormente, permite constatar que o jogo é favorável ao jogador A, como o placar apontando 2 x 1. Na referida árvore, são mostradas algumas possibilidades de pinturas das listras da bandeira, semelhantes as quais os jogadores podem pintar outras bandeiras, bem como a maneira como os registros devem ser feitos durante a construção de uma árvore de possibilidades que, uma vez completa, representaria como poderia ter sido o desenrolar do jogo e o resultado final da partida, em consonância com as cartas que estão viradas sobre a mesa de jogo.

Os retângulos com as pinturas podem ser substituídos pela indicação das cores de cada uma das respectivas listras horizontais. Então, as cores podem ser substituídas pelas letras de suas iniciais, assim: azul (AZ) e amarela (AM).

É importante notar que não pode haver iguais pinturas de bandeiras em uma mesma árvore de possibilidades. Também no jogo, uma mesma pintura de bandeira não pode voltar a ser apresentada por qualquer dos dois jogadores.

Considerando que o jogador que iniciou o jogo não conseguiu pintar uma bandeira, segundo as regras estabelecidas, a vez de jogar passa para o seu oponente. Este jogador pode retirar uma nova carta do "monte" ou fazer uso da carta que está disponível sobre a mesa.

De maneira idêntica àquela feita pelo seu oponente na primeira rodada, se ele pode fazer a pintura de uma bandeira então deve mostrar as 3 cartas da pintura para o seu oponente. E se não pode fazer a pintura deve jogar sobre a mesa uma dentre as cartas que tem em mãos.

Quando um jogador concretiza a pintura de uma bandeira ele mostra a pintura que foi feita para o seu oponente com as cartas objeto da pintura colocadas junto de si, as faces voltadas para cima, e joga sobre a mesa a carta que restou em suas mãos. Em seguida ele retira 3 novas cartas do "monte" de cartas, e passa a vez para o seu oponente jogar.

Estas mesmas ações são repetidas até que um dos jogadores tenha concluído a 3ª (terceira) pintura de uma bandeira, momento em que o jogo termina e ele é considerado vencedor do jogo.

Após uma bandeira ter sido pintada por qualquer um dos jogadores é facultativo que um deles "embaralhe" o "monte" de cartas, o qual permitirá que o jogo tenha prosseguimento.

Uma partida somente é concluída quando um dos jogadores pintar a sua terceira bandeira.

O propósito do jogo é que cada jogador mobilize o raciocínio combinatório de modo que, assim, possa fazer as "combinações" de cores possíveis para dar conta de pintar uma bandeira - respeitadas as regras para efetuar as pinturas das três listras, que compõem uma bandeira.

IV. Objetivo pedagógico do jogo

O objetivo pedagógico do jogo é o de oportunizar aos jogadores que mobilizem e exercitem o raciocínio combinatório para fazer as "combinações" possíveis entre as duas cores disponíveis pelas 3 listras que compõem a bandeira, e acostumem-se a construir árvores de possibilidades apropriando-se de procedimentos e maneiras como os registros devem ser feitos.

Especial atenção deve ser conferida ao fato de as pinturas das três listras da bandeira serem representadas por meio de ternas ordenadas, com os indicativos das cores em consonância com a ordem das listras horizontais pelo formato da bandeira.

Espera-se que cada jogador se comporte como um jogador pro ativo, ou seja, um jogador que deseja vencer o jogo. Para isso, ele precisa mobilizar o pensamento combinatório cada vez que tiver de tomar a decisão acerca da disposição das cores pelas listras horizontais da bandeira.

Após uma partida em disputa, espera-se que cada jogador tenha aproveitado o bastante para compreender como proceder para construir uma árvore de possibilidades, consoante com as ações de tomada de decisões relativas às "combinações" de cores pelas regiões da bandeira.

Portanto, um dos objetivos pedagógicos do jogo é o de permitir que os jogadores mobilizem o pensamento combinatório por uma razoável quantidade de vezes, na busca de "combinações" de cores presentes nas cartas do jogo cada vez que uma nova cor de carta junta-se às 3 cartas que já têm em mãos.

V. Explorando algumas possíveis variações do jogo

O jogo em si é bastante flexível, uma vez que permite o acréscimo de mais cartas ao jogo. Ou seja, novas cores podem estar disponíveis para a pintura de bandeiras com o mesmo formato que essa, ou com outro formato.

Salienta-se, porém, que o acréscimo de mais cores de cartas ao jogo - mantido o mesmo formato da bandeira (três listras horizontais) e as mesmas regras - faz com que o jogo fique um pouco mais demorado por conta de possibilitar o aumento de cartas no jogo, embora seja mantido o mesmo quantitativo de "combinações" possíveis de cores pelas três listras horizontais, considerando as mesmas cores: amarela e azul.

A menos que, junto com o aumento de cores, igualmente seja permitido que se tenha um aumento na participação de mais jogadores nas disputas, essa sugestão também pode tornar um pouco mais monótono o jogo.

Cabe salientar também que o formato da bandeira pode ser modificado com a indicação de mais listras bem como podem ser mantidas ou não as atuais regras para as pinturas das listras. Tanto em relação ao formato atual da bandeira quanto em relação ao quantitativo de jogadores no jogo ou de cores disponíveis, há enorme liberdade para se fazer modificações no jogo e, por conseguinte, a criação de novos desafios.

Ademais, é bom lembrar que o aumento no número de jogadores ou de listras de bandeiras deve vir acompanhado de aumento do número de cartas que irão compor o "monte" de cartas e do quantitativo de cartas que um jogador terá de ter em mãos para jogar.

VII. Alunos comunicando a aprendizagem e a proposição de problemas

Recomenda-se ao professor que oportunize aos alunos a possibilidade de eles mostrarem o que aprenderam com o jogo por meio de algumas situações, dentre as quais sugerimos ao professor que proponha aos alunos que eles:

- Construam uma árvore de possibilidades que mostre todas as possibilidades que há para pintar bandeiras com o mesmo formato de bandeira utilizada no jogo, sem restrições para a distribuição de cores pelas 3 listras da bandeira;
- Construam uma árvore de possibilidades que mostre todas as possibilidades que há para pintar bandeiras com o mesmo formato de bandeira utilizada no jogo, respeitada a condição de listras juntas uma da outra não poderem ser pintadas com a mesma cor;
- Construam uma árvore de possibilidades que mostre todas as possibilidades que há para pintar bandeiras com 2 listras horizontais, disponíveis as cores amarela, azul e verde, sem restrições para a distribuição de cores pelas 3 listras da bandeira.

Também sugerimos ao professor que promova a criação de problemas pelos alunos a partir da problemática resolução de problemas de contagem, presente no jogo.

Em particular, a proposição de problemas que tratem da pintura de listras ou regiões de uma bandeira, e a sugestão de que os outros alunos resolvam esses problemas.

Para que novos problemas façam parte do jogo será preciso, também, que os alunos validem os enunciados e a respectiva resposta numérica e/ou qualitativa das possibilidades. Para isso sugerimos que todos os alunos façam modificações nos textos dos enunciados apresentados pelos colegas, de modo que os textos fiquem mais claros e efetivos se for o caso.

Em seguida, recomenda-se que o professor proponha reflexões e discussões entre os alunos acerca dos novos problemas propostos, os quais podem ou não vir a ser incorporados em um novo jogo.

Ademais novos problemas são sempre bem-vindos, mesmo que não sejam propostos com a intenção de vir a ser incorporados a um novo jogo. São, portanto, problemas merecedores de reflexões e discussões entre os alunos de modo que as resoluções corretas sejam validadas, bem como oportunizam, quando for o caso, que modificações nas resoluções sejam feitas quando estiverem incompletas.

Igual preocupação também deve ser emprestada em relação à redação dos enunciados dos problemas, a qual precisa ser melhorada, sempre que necessário.

Esses momentos têm o propósito de motivar os alunos a resolverem problemas propostos por eles próprios e oportunizar que eles próprios validem as escolhas relativas a estratégias de resolução para os problemas que foram propostos por eles próprios.

A sugestão é que o professor atue como mediador das discussões. Mas se achar necessário pode/deve propor outros problemas que não tenham sido contemplados pelos alunos, e que considere oportuno fazer.

1.4 Jogo III

Jogo "Escolher as cores de saia e blusa e um tipo de calçado - apresentadas em um "monte" de cartas - de maneira a formar conjuntos "cor de saia-cor de blusa-tipo de calçado"

I. Objetivo

Trata-se de um jogo que é disputado entre 2 jogadores. O jogo se desenrola por meio do uso de 1 (um) "monte" com 24 (vinte e quatro) cartas no total, distribuídas em 3 grupos conforme sejam cores de saias, cores de blusas e tipos de calçados. A totalidade de cartas que compõe o "monte" de cartas é mostrado na Figura 9, a seguir:

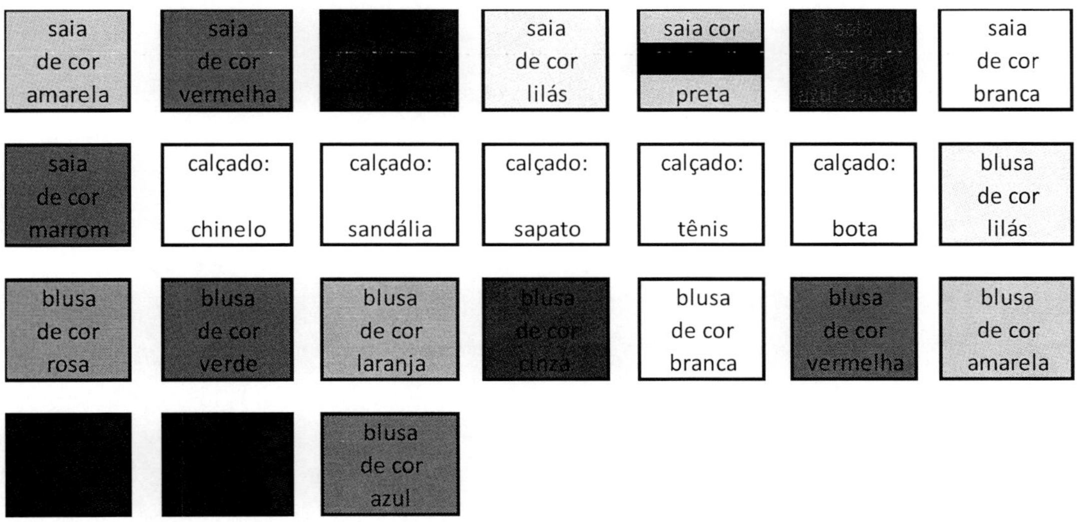

Figura 9: Tabuleiro, com pinturas de bandeiras para ilustrar respostas para lançamentos dos jogadores. Fonte: o autor

O objetivo do jogo é que os jogadores mobilizem o pensamento combinatório de maneira que sejam estabelecidas "combinações" entre 3 tipos de peças do vestuário: calçado e cores de saias e blusas, de tal maneira que essas "combinações" permitam a formação de conjuntos com 3 elementos em cada, assim: {cor da saia, cor da blusa, tipo de calçado}, respeitadas as seguintes condições:

- As cores claras para blusa e saia obrigam o uso de chinelo;
- As cores escuras para blusa e saia obrigam o uso de sapato;
- A cor clara de uma blusa, combinada com a cor escura de uma saia, obrigam o uso de tênis;
- A cor escura de uma blusa, combinada com a cor clara de uma saia, obrigam o uso de sandália;

Para que essas "combinações" possam ser consideradas, precisamos estabelecer quais cores são consideradas claras e quais cores são consideradas escuras. Então:

- Cores claras: branca, amarela, lilás, vermelha, rosa ou laranja.
- Cores escuras: marrom, preta, cinza, cinza escuro, roxa, verde, azul ou azul escuro.

Assim, os conjuntos {saia cor de rosa, blusa de cor branca, chinelo} ou {saia cor de preta, blusa de cor amarela, sandália} são 2 exemplos de conjuntos possíveis ser formados pelos jogadores, durante o jogo.

II. Material a ser disponibilizado para uso durante o jogo

O jogo requer o uso de 1 (um) "monte" com 24 (vinte e quatro) cartas no total, sendo: 5 cartas com os nomes de tipos de calçado, 8 cartas com as cores possíveis de saias e 11 cartas com as cores possíveis de blusas, como foi mostrado acima; 1 (um) dado com 6 (seis) faces, cada face com o indicativo de um número de 1 a 6; 1(uma) folha de papel em branco, para cada jogador; lápis preto ou caneta na cor azul ou preta para as anotações pessoais de cada jogador.

III. Orientações quanto às regras iniciais (professor e alunos devem ler com atenção)

Os 2 jogadores se posicionam ao redor de uma mesa (circular, quadrada ou retangular), um defronte do outro. As 24 cartas são "embaralhadas", e em seguida, são colocadas sobre a mesa à frente dos 2 jogadores, formando um "monte" de cartas, mas com as faces voltadas para baixo.

Para escolher o jogador que vai iniciar o jogo, os jogadores fazem uso do dado de 6 faces e após jogá-lo ao chão decidem quem vai iniciar jogando por meio da escolha de números pares ou de números ímpares, para cada um dos jogadores.

Em seguida, cada jogador retira 3 cartas do "monte" de cartas cuidando para que o seu oponente não veja as faces das cartas que foram retiradas.

Uma vez conhecido o jogador que vai iniciar jogando, ele retira uma carta do "monte" de cartas e junto com as 3 cartas que já tem em mãos verifica se é possível que forme um conjunto cor de saia-cor de blusa-calçado, respeitadas as regras estabelecidas para a formação de um conjunto.

Se não for possível formar um conjunto cor de saia-cor de blusa-calçado, o jogador descarta 1 (uma) carta dentre as 4 cartas que tem em mãos sobre a mesa, com a face voltada para cima, e passa a vez para que o seu oponente jogue, em prosseguimento ao jogo.

Mas se for possível que um conjunto cor de saia-cor de blusa-calçado seja formado, o jogador deve apresentar as 3 cartas que compõem esse conjunto colocando-as sobre a mesa junto de si e permitindo que o seu oponente constate ou não a validade de tal conjunto de peças de vestuário.

Uma vez que esse conjunto de peças seja validado, ele não mais poderá ser apresentado por qualquer um dos 2 jogadores até o final do jogo. As 3 cartas deverão ficar sobre a mesa com as faces voltadas para cima, até que o jogo termine. Em seguida, o jogador faz o registro desse conjunto que foi formado por meio da construção inicial de uma árvore de possibilidades.

A figura a seguir mostra o modelo de construção de uma árvore de possibilidades - ainda incompleta, do ponto de vista de registrar a formação de todos os possíveis conjuntos -, que bem poderia configurar o momento final de um jogo em disputa.

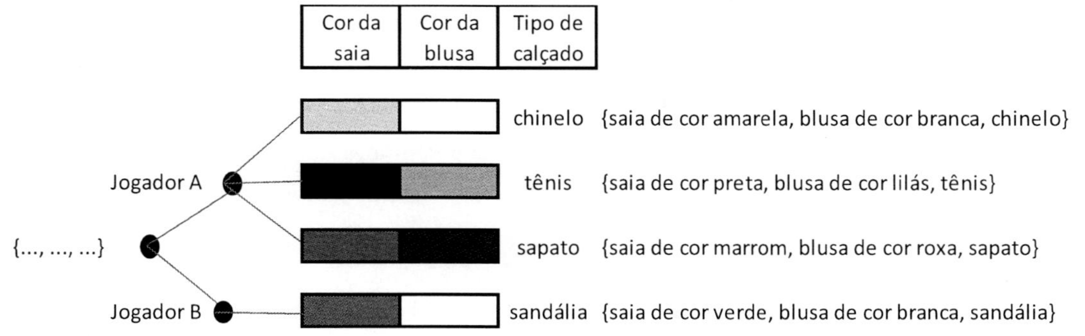

Figura 10: Tabuleiro, com pinturas de bandeiras para ilustrar respostas para lançamentos dos jogadores. Fonte: o autor

A árvore de possibilidades mostrada acima permite constatar que o jogo terminou com vitória do jogador A, com o placar final apontando 3 x 1. Na referida árvore são mostradas algumas possibilidades de formação de conjuntos, semelhantes os quais os jogadores podem formar no desenrolar de um jogo, bem como a maneira como os registros devem ser feitos durante a construção de uma árvore de possibilidades.

Os retângulos que mostram as cores de saias ou de blusas podem ser substituídos com a indicação das cores de cada uma das peças de roupas: saia e blusa. Assim, as cores poderiam ser substituídas pelas suas iniciais, assim: vermelha (VM), azul (AZ), amarela (AM), verde (VD), branca (BR), lilás (LI), roxa (RX), azul (AZ), azul escuro (AZE), cinza, cinza escuro (CZE), preta (PR), laranja (LJ) ou marrom (MR).

É importante notar que não pode haver indicativos de conjuntos iguais de peças de vestuário, em uma mesma árvore de possibilidades. Igualmente, também no jogo um mesmo conjunto de peças de vestuário não pode voltar a ser apresentado por qualquer jogador.

Retomando ao prosseguimento das informações relativas ao desenrolar de um jogo, considerando que o jogador que iniciou o jogo não conseguiu formar um conjunto de peças de vestuário segundo as regras que estipuladas, a vez de jogar passa para o seu oponente. Assim, o jogador que tem a vez de jogar pode retirar uma nova carta do "monte", ou fazer uso da carta que está disponível sobre a mesa.

De maneira igual ao que foi feito pelo seu oponente por ocasião da primeira rodada, se puder montar um conjunto com as 3 peças do vestuário, respeitadas as regras estipuladas, terá de mostrar as 3 cartas para que o seu oponente valide ou não a formação de tal conjunto. Mas se não for possível que ele forme um conjunto deve jogar sobre a mesa uma dentre as 4 cartas que tem em mãos naquele instante.

Quando um jogador concretiza o estabelecimento de um conjunto de peças de vestuário ele tem que demonstrar o conjunto que foi formado, colocando as cartas com as faces voltadas para cima junto de si, e joga sobre a mesa a carta que restou em sua mão. Em seguida, ele deve retirar 3 novas cartas do "monte" de cartas e passar a vez para que o seu oponente possa jogar.

Estas mesmas ações são repetidas até que um dos jogadores tenha concluído a formação do 3º (terceiro) conjunto de peças de vestuário, momento em que o jogo termina e ele é considerado vencedor do jogo - como foi mostrado pela árvore de possibilidades acima, por exemplo.

Após um conjunto de peças de vestuário ter sido formado por qualquer dos jogadores é facultativo que um deles "embaralhe" o "monte" de cartas restante, e só depois o jogo terá prosseguimento.

Portanto, uma partida é concluída somente depois que um dos jogadores conclui a formação de seu terceiro conjunto de peças de vestuário.

O propósito do jogo é que cada jogador mobilize o raciocínio combinatório enquanto faz as "combinações" possíveis de peças de vestuário de maneira que dê conta de formar conjuntos de peças de vestuário - respeitadas as regras para fazer tais "combinações", ao mesmo tempo em que experimenta maneiras de construção de uma árvore de possibilidades.

IV. Objetivo pedagógico do jogo

O objetivo pedagógico do jogo é o de oportunizar aos jogadores que mobilizem e exercitem o raciocínio combinatório para fazer as "combinações" possíveis entre as peças de vestuário disponíveis, de maneira que se possa formar conjuntos de peças de vestuário.

Que se acostumem, também, à maneira como é possível construir uma árvore de possibilidades, apropriando-se de conhecimentos concernentes aos procedimentos e os registros que precisam ser feitos.

Especial atenção deve ser conferida ao fato de os conjuntos de peças de vestuário serem representados por meio de conjuntos, e portanto, necessário se faz o uso de "chaves": { ...}. Assim, o indicativo das peças que compõem cada conjunto deve estar em consonância com o conceito relativo à nomeação de elementos de um conjunto: a não imposição de ordem entre os seus elementos.

Espera-se que cada jogador se comporte como um jogador proativo, ou seja, um jogador que deseja vencer o jogo. Para isso, um jogador precisa mobilizar o pensamento combinatório cada vez que tem de decidir sobre a "combinação" entre as peças de vestuário.

Após uma partida em disputa espera-se que cada jogador tenha aproveitado o bastante para compreender como deve proceder para construir uma árvore de possibilidades consoante com as ações de tomada de decisões relativas às "combinações" entre as peças de vestuário.

Portanto, um dos objetivos pedagógicos do jogo é o de oportunizar que os jogadores mobilizem o pensamento combinatório enquanto jogam, por um razoável número de vezes, na busca de considerar a formação de "combinações" de peças de vestuário presentes nas cartas do jogo, cada vez que uma nova carta se junta às três cartas que tem em mãos em cada rodada.

V. Explorando algumas possíveis variações do jogo

O jogo em si é bastante flexível uma vez que permite o acréscimo de mais cartas ao jogo. Ou seja, novas peças de vestuário podem estar disponíveis para a formação de novos conjuntos tipo os do jogo: cor de saia-cor de blusa- calçado. Assim, por exemplo, podem ser incorporadas novas peças de vestuário, como par de meias, cintos, brincos etc.

Salienta-se, porém, que o acréscimo de mais peças de vestuário ao jogo - por meio de novas cartas – implica no aumento de cartas que cada jogador terá de ter em mãos.

Também existe a possibilidade de o jogo ser disputado por mais de 2 jogadores, mantidas as mesmas peças de vestuário e a mesma regra para a formação dos conjuntos de peças de vestuário ou não. Nesse caso é conveniente que o jogo termine quando um dos jogadores forme o 2º (segundo) conjunto de peças.

VII. Alunos comunicando a aprendizagem e a proposição de problemas

Recomenda-se ao professor que oportunize aos alunos a possibilidade de eles mostrarem o que aprenderam com o jogo, por meio de algumas situações, dentre as quais sugerimos:

O professor pode propor a criação de problemas pelos alunos a partir da problemática resolução de problemas de contagem, presente no jogo.

Em particular a proposição de problemas que tenham o objetivo de contabilizar a totalidade de formação de conjuntos de peças segundo particularidades, a pintura de listras ou regiões de bandeiras ou contabilizar as possibilidades de somas dos valores mostrados nas faces voltadas para cima, quando 2 dados com 6 faces em cada, são jogados ao chão ou outros que obedecem a certas condições, por exemplo. Também, a sugestão de que os outros alunos da turma resolvam os problemas propostos.

Em seguida, recomenda-se que o professor proponha reflexões e discussões entre os alunos acerca dos novos problemas que tenham sido propostos.

Ademais, novos problemas são sempre bem-vindos. São, portanto, merecedores de reflexões e discussões entre os alunos de modo que as resoluções corretas sejam validadas e sejam feitas modificações nas resoluções que estiverem incompletas, se for o caso. Também em relação à redação dos enunciados dos problemas, a qual precisa ser melhorada sempre que se fizer necessário.

Esses momentos têm o propósito de motivar os alunos a resolverem outros problemas e oportunizar que eles próprios validem escolhas relativas a estratégias de resolução para os problemas que foram propostos por eles próprios.

A sugestão é que o professor atue como mediador das discussões. Mas se achar necessário pode/deve propor outros problemas que não tenham sido contemplados pelos alunos, e que considere oportuno fazer.

1.5 Jogo IV

Jogo "Escolher cartas em um "monte" de modo que as suas cores sejam possíveis pintar bandeiras com 4 quadrantes, considerando que regiões contíguas da bandeira tenham cores distintas"

I. Objetivo

Trata-se de um jogo que é disputado entre 2 jogadores. O jogo se desenrola por meio do uso de 1(um) "monte" com 56 (cinquenta e seis) cartas no total, cada grupo de 14 cartas sendo pintadas com a mesma cor, dentre as cores amarela, azul, verde e vermelho. A Figura 11, a seguir, mostra as 56 cartas do "monte" de cartas.

Figura 11: Tabuleiro, com pinturas de bandeiras para ilustrar respostas para lançamentos dos jogadores. Fonte: o autor

O objetivo do jogo é que os jogadores mobilizem o pensamento combinatório de maneira que estabeleçam "combinações" de cores que deem conta de pintar bandeiras com 4 quadrantes, como a bandeira mostrada na Figura 12, a seguir, respeitando a condição de regiões (quadrantes) com fronteira comum (regiões contíguas) serem pintadas com cores distintas.

Quadrante 2	Quadrante 1
Quadrante 3	Quadrante 4

Figura 12: Tabuleiro, com pinturas de bandeiras para ilustrar respostas para lançamentos dos jogadores. Fonte: o autor

A Figura 13, a seguir, mostra-nos uma pintura possível ser considerada para uma bandeira objeto do jogo. Observe que, nessa pintura, foi utilizado o máximo possível de repetições de cores em uma pintura: 2 quadrantes de igual cor.

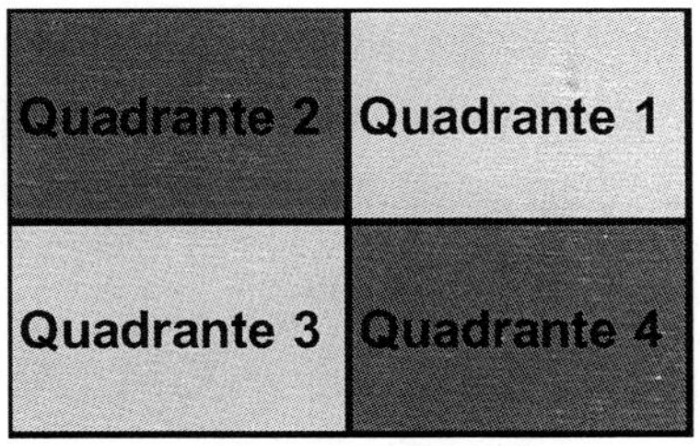

Figura 13: Tabuleiro, com pinturas de bandeiras para ilustrar respostas para lançamentos dos jogadores. Fonte: o autor

II. Material a ser disponibilizado para uso durante o jogo

O jogo requer o uso de 1(um) "monte" com 56 (cinquenta e seis) cartas no total, cada 14 cartas pintadas com a mesma cor, escolhida dentre as cores amarela, azul, verde e vermelho, como mostrado acima; 1 (um) dado com 6 faces, cada face com o indicativo de um número de 1 a 6; 1(uma) folha de papel em branco para cada jogador; lápis preto ou caneta na cor azul ou preta para as anotações pessoais de cada jogador.

III. Orientações quanto às regras iniciais (professor e alunos devem ler com atenção)

Os 2 jogadores se posicionam ao redor de uma mesa (circular, quadrada ou retangular), um defronte do outro. As 56 cartas são "embaralhadas", e em seguida, são colocadas sobre a mesa, à frente dos 2 jogadores, formando um "monte" de cartas com as faces voltadas para baixo.

Para escolher o jogador que vai iniciar o jogo, os jogadores fazem uso do dado de 6 faces e, após jogá-lo ao chão, decidem qual vai iniciar jogando por meio da escolha de números pares e de números ímpares para cada um dos jogadores.

Em seguida, cada jogador retira 4 cartas do "monte" de cartas, cuidando para que o seu oponente não veja as faces das cartas que foram retiradas.

Uma vez conhecido o jogador que vai iniciar jogando, ele retira uma carta do "monte" de cartas e, junto com as 4 cartas que tem em mãos, verifica se é possível fazer a pintura de uma bandeira de 4 quadrantes como mostrado acima, respeitando a regra de regiões com fronteira comum serem pintadas com cores distintas.

Se não for possível fazer uma pintura para a bandeira o jogador descarta sobre a mesa 1 (uma) carta, com a face voltada para cima, dentre as 5 cartas que tem em mãos e passa a vez para que o seu oponente jogue, em prosseguimento ao jogo.

Se for possível que uma pintura da bandeira seja feita, o jogador apresenta as 4 cartas que compõem tal pintura, sobre a mesa e junto de si, de modo que tal ação permita que o seu oponente constate a validade de tal pintura ou não.

Uma vez que tal pintura da bandeira tenha sido validada ela não mais poderá ser apresentada, por qualquer um dos 2 jogadores. As 4 cartas deverão ficar sobre a mesa, com as faces voltadas para cima, até que o jogo termine. Em seguida, o jogador faz o registro da pintura por meio da construção inicial de uma árvore de possibilidades.

A Figura 14, a seguir, mostra-nos o modelo de construção de uma árvore de possibilidades, ainda incompleta, que bem poderia configurar determinado momento de um jogo em disputa.

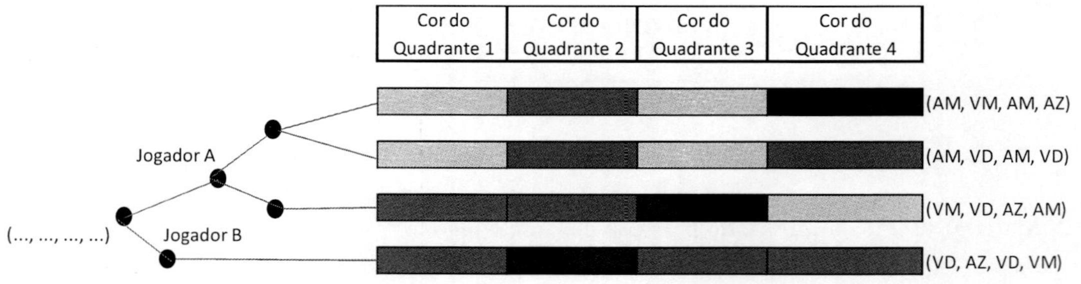

Figura 14: Tabuleiro, com pinturas de bandeiras para ilustrar respostas para lançamentos dos jogadores. Fonte: o autor

A árvore de possibilidades incompleta, mostrada acima, permite constatar que o jogo é favorável ao jogador A, como o placar apontando 3 x 1. Na referida árvore, são mostradas algumas possibilidades de pinturas semelhantes as quais os jogadores podem pintar outras bandeiras, bem como a maneira como os registros devem ser feitos durante a construção de uma árvore de possibilidades que, uma vez completa, representaria como poderia ter sido o desenrolar do jogo e o resultado final.

Os retângulos, com as pinturas, podem ser substituídos com a indicação das cores de cada um dos quadrantes. Assim, as cores poderiam ser substituídas pelas suas iniciais, assim: vermelha (VM), azul (AZ), amarela (AM) ou verde (VD).

É importante notar que não pode haver pinturas iguais de bandeiras, em uma mesma árvore de possibilidades. Também no jogo, uma mesma pintura de bandeira não pode voltar a ser apresentada.

Cabe esclarecer a razão de o "monte" inicial de cartas conter um total de 56 cartas: uma partida pode chegar ao final com a placa de 4 x 3, ou seja, um total de 7 bandeiras pintadas. Na pior hipótese de todas as 7 bandeiras terem sido pintadas com 2 cores, uma cor (ou as duas cores) teria sido usada 7 x 2 = 14 vezes, o que exige um quantitativo de 14 cartas de mesma cor. Uma vez que 4 cores estejam disponíveis para efetivar as pinturas das regiões da bandeira, o "monte" de cartas deverá ser formado pelo número mínimo de 14 x 4 = 56 cores.

Considerando que o jogador que iniciou o jogo não conseguiu pintar uma bandeira, segundo a regra estipulada, a vez de jogar passa para o seu oponente. Este jogador pode retirar uma nova carta do "monte" ou fazer uso da carta que está disponível sobre a mesa.

De maneira igual ao de seu oponente, na primeira rodada, se ele puder fazer a pintura de uma bandeira deve mostrar as 4 cartas para o oponente. Se não, joga sobre a mesma uma de suas 5 cartas que tem em mãos.

Quando um jogador concretiza a pintura de uma bandeira ele mostra a pintura feita com as cartas colocadas junto de si, faces voltadas para cima, e joga sobre a mesa a carta que restou em suas mãos. Em seguida, retira 4 novas cartas do "monte" de cartas e passa a vez para o seu oponente jogar.

Estas mesmas ações são repetidas até que um dos jogadores tenha concluído a 4ª (quarta) pintura de uma bandeira, momento em que o jogo termina e ele é considerado vencedor do jogo.

Após uma bandeira ter sido pintada por qualquer dos jogadores é facultativo que um dos jogadores "embaralhe" o "monte" de cartas, o qual permitirá que o jogo tenha prosseguimento.

Uma partida é concluída somente após um dos jogadores pintar a sua quarta bandeira.

O propósito de cada jogo - e da disputa em si - é que cada jogador vá mobilizando o raciocínio combinatório de maneira que façam todas as "combinações" de cores possíveis para dar conta de pintar uma bandeira, respeitada a regra para efetuar as pinturas pelas quatro regiões.

IV. Objetivo pedagógico do jogo

O objetivo pedagógico do jogo é o de oportunizar aos jogadores que mobilizem e exercitem o raciocínio combinatório para fazer as "combinações" possíveis entre as cores disponíveis, pelas quatro regiões da bandeira e acostumem-se a construir árvores de possibilidades, apropriando-se dos procedimentos e maneiras como os registros precisam ser feitos.

Especial atenção deve ser conferida ao fato de as pinturas das quatro regiões da bandeira serem representadas por meio de quádruplas, com os indicativos de cores em consonância com a ordem dos quadrantes pela bandeira.

Espera-se que cada jogador se comporte como um jogador proativo, ou seja, um jogador que deseja vencer o jogo. Para tal, precisa mobilizar o pensamento combinatório cada vez que tem de decidir sobre a disposição das cores pelos quadrantes da bandeira.

Após uma partida em disputa se espera que cada jogador tenha aproveitado o bastante para compreender como deve proceder para construir uma árvore de possibilidades consoante com as ações de tomada de decisões relativas às "combinações" de cores pelas regiões da bandeira.

Portanto, um dos objetivos pedagógicos do jogo é o de permitir que os jogadores mobilizem o pensamento combinatório por uma razoável quantidade de vezes na busca de "combinações" de cores presentes nas cartas do jogo, cada vez que uma nova cor de carta junta-se às quatro cartas que já tem em mãos.

V. Explorando algumas possíveis variações do jogo

O jogo em si é bastante flexível, uma vez que permite o acréscimo de mais cartas ao jogo. Ou seja, novas cores podem estar disponíveis para a pintura de bandeiras.

Salienta-se, porém, que o acréscimo de mais cores de cartas ao jogo faz com que o jogo termine com mais rapidez, por conta de possibilitar aumento no número de "combinações" possíveis de cores pelas regiões da bandeira, a menos que junto com o aumento de cores seja permitido que, igualmente, se tenha um aumento na participação de mais jogadores na disputa.

Também cabe salientar que o formato da bandeira pode ser modificado com a criação de mais regiões, bem como pode ser mantida ou não a restrição de pintura pelas regiões contíguas da bandeira, tanto em relação ao formato atual da bandeira ou em relação a um novo formato de bandeira que possa vir a ser adotado.

Entretanto, também cabe lembrar que mais regiões no formato da bandeira implica em aumento no número de cartas que cada jogador terá de ter em mãos para disputar o jogo.

Também existe a possibilidade de o jogo ser disputado por mais que 2 jogadores, mantidas as mesmas cores e a mesma regra para a disposição das cores pelas regiões, se for o caso. Para tal, a cada novo jogador que se pense em incluir na disputa será preciso diminuir a quantidade de bandeiras que precisarão ser formadas pelo vencedor da partida de modo que, eventualmente, não se chegue à situação de ter retirado todas as cartas do "monte" sem que se conheça um vencedor do jogo.

VII. Alunos comunicando a aprendizagem, e a proposição de problemas

Recomenda-se ao professor que oportunize aos alunos a possibilidade de eles mostrarem o que aprenderam com o jogo, por meio de algumas situações, dentre as quais sugerimos:

O professor pode propor a criação de problemas pelos alunos a partir da problemática presente no jogo: resolução de problemas de contagem.

Em particular, a pintura de listras ou regiões de uma bandeira e a sugestão que os outros alunos resolvam tais problemas antes que, possivelmente, se pense em eles virem a ser incorporados ao jogo.

Para que novos problemas façam parte do jogo será preciso, também, que os alunos validem os enunciados e a respectiva resposta numérica e/ou qualitativa das possibilidades. Para tal, sugerimos que todos os alunos possam fazer modificações nos textos dos enunciados apresentados pelos colegas de modo que esses textos fiquem mais claros e efetivos, se for o caso.

Em seguida, recomenda-se que o professor proponha reflexões e discussões entre os alunos acerca dos novos problemas propostos, incorporados ou não ao jogo.

Ademais, novos problemas serão sempre bem-vindos mesmo que não sejam incorporados ao jogo. São, portanto, merecedores de reflexões e discussões entre os alunos de modo que as resoluções corretas sejam validadas, bem como feitas as devidas modificações nas resoluções que estiverem incompletas, se for o caso.

Igual preocupação também em relação à redação dos enunciados dos problemas, a qual precisa ser melhorada sempre que necessário.

Esses momentos têm o propósito de motivar os alunos a resolverem outros problemas, e oportunizar que eles próprios validem escolhas relativas a estratégias de resolução relativas aos problemas propostos por eles.

A sugestão é que o professor atue como mediador das discussões. Mas, se achar necessário pode/deve propor outros problemas que não tenham sido contemplados pelos alunos e que considere oportuno fazer.

1.6 Jogo V

Jogo do "Sim ou Não, de modo a acertar tanto o formato de uma bandeira quanto as cores que foram utilizadas para pintar as suas listras ou regiões"

I. Objetivos

Trata-se de um jogo que é disputado entre 2 oponentes. Cada jogador escolhe o formato e as cores que vai utilizar para pintar as listras ou regiões de uma bandeira, colocada em disputa, cuidando para que o seu oponente não veja os registros feitos. Os formatos de bandeiras possíveis de escolher para a disputa são os mostrados na Figura 15, a seguir, bem como as cores disponíveis: amarela, verde, vermelha, azul ou preta.

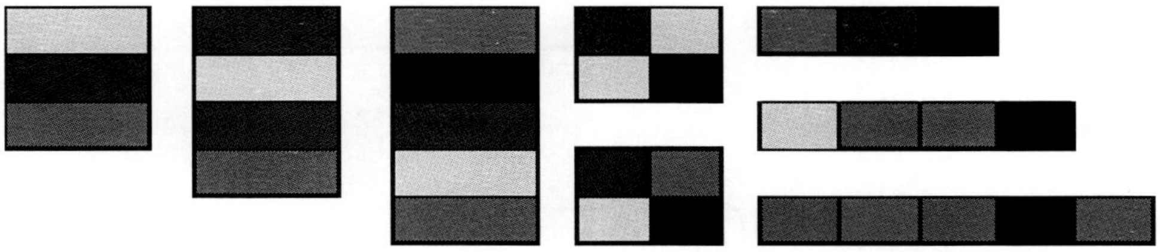

Figura 15: Tabuleiro, com pinturas de bandeiras para ilustrar respostas para lançamentos dos jogadores. Fonte: o autor

Uma vez que cada jogador escolha o formato da sua bandeira para a disputa e tendo pintado as listras ou regiões, tais desenhos devem ser colocados à parte, com as faces viradas para baixo. São as bandeiras em disputa.

Tais escolhas levam em conta o respeito às regras estabelecidas para a escolha das cores pelas listras ou regiões de uma bandeira. Também no tocante às perguntas que podem ser feitas entre um jogador e o seu oponente, as quais antecedem o confronto entre a bandeira escolhida pelo jogador e a bandeira colocada à parte pelo oponente.

Após um total de 4 perguntas terem sido feitas, alternadamente, entre um jogador e seu oponente, cada um deles apresenta a bandeira que julga ter sido desenhada pelo seu oponente para a comparação entre elas. Assim, cada jogador tem como objetivo para vencer o jogo o de identificar o tipo e a distribuição de cores pelas listras ou regiões da bandeira desenhada pelo seu oponente.

As 4 perguntas devem ser escolhidas dentre as que estão presentes no Quadro 1, Figura 16, a seguir, e têm o propósito de nortear a tomada de decisão de um jogador quanto à escolha do tipo de bandeira e a distribuição de cores pelas listras ou regiões, que será apresentada para ser comparada com a que foi desenhada pelo seu oponente, ao final.

Quadro 1: Quadro com possíveis perguntas que podem ser feitas aos jogadores

Rodada 1	Rodada 2	Rodada 3	Rodada 4	Perguntas
SIM ( ) NÃO ( )	SIM ( ) NÃO ( )	SIM ( ) NÃO ( )	SIM ( ) NÃO ( )	a. A bandeira está pintada com 2(duas) cores?
SIM ( ) NÃO ( )	SIM ( ) NÃO ( )	SIM ( ) NÃO ( )	SIM ( ) NÃO ( )	b. A bandeira está pintada com 3(três) cores?
SIM ( ) NÃO ( )	SIM ( ) NÃO ( )	SIM ( ) NÃO ( )	SIM ( ) NÃO ( )	c. A bandeira está pintada com 4(quatro) cores?
SIM ( ) NÃO ( )	SIM ( ) NÃO ( )	SIM ( ) NÃO ( )	SIM ( ) NÃO ( )	d. A bandeira está pintada com 5(cinco) cores?
SIM ( ) NÃO ( )	SIM ( ) NÃO ( )	SIM ( ) NÃO ( )	SIM ( ) NÃO ( )	e. A bandeira tem 3(três) listras horizontais?
SIM ( ) NÃO ( )	SIM ( ) NÃO ( )	SIM ( ) NÃO ( )	SIM ( ) NÃO ( )	f. A bandeira tem 4(quatro) listras horizontais?
SIM ( ) NÃO ( )	SIM ( ) NÃO ( )	SIM ( ) NÃO ( )	SIM ( ) NÃO ( )	g. A bandeira tem 5(cinco) listras horizontais?
SIM ( ) NÃO ( )	SIM ( ) NÃO ( )	SIM ( ) NÃO ( )	SIM ( ) NÃO ( )	h. A bandeira tem 3(três) listras verticais?
SIM ( ) NÃO ( )	SIM ( ) NÃO ( )	SIM ( ) NÃO ( )	SIM ( ) NÃO ( )	i. A bandeira tem 4(quatro) listras verticais?
SIM ( ) NÃO ( )	SIM ( ) NÃO ( )	SIM ( ) NÃO ( )	SIM ( ) NÃO ( )	k. A bandeira tem 5(cinco) listras verticais?
SIM ( ) NÃO ( )	SIM ( ) NÃO ( )	SIM ( ) NÃO ( )	SIM ( ) NÃO ( )	l. A bandeira tem o formato de 4(quatro) quadrantes?
SIM ( ) NÃO ( )	SIM ( ) NÃO ( )	SIM ( ) NÃO ( )	SIM ( ) NÃO ( )	m. A bandeira tem todas as listras ou regiões contíguas pintadas com cores diferentes?
SIM ( ) NÃO ( )	SIM ( ) NÃO ( )	SIM ( ) NÃO ( )	SIM ( ) NÃO ( )	n. A bandeira tem 2(duas) listras ou 2(duas) regiões pintadas com uma mesma cor?
Aposta: O formato da bandeira e as respectivas cores para ser confrontada é a seguinte:				

Figura 16: Tabuleiro, com pinturas de bandeiras para ilustrar respostas para lançamentos dos jogadores. Fonte: o autor

Portanto, o jogo tem o objetivo de favorecer o desenvolvimento do pensamento combinatório para as tomadas de decisão relativas às definições das cores usadas nas pinturas de listras ou regiões da bandeira em questão, consoante o formato da bandeira que tenha sido definido pelo jogador.

II. Recursos materiais necessários serem disponibilizados para o desenvolvimento do jogo, e registros que precisam ser feitos

O jogo se desenrola por meio do uso de 2 fichas - uma ficha para cada jogador -, cada ficha contendo um total de 13 perguntas, com a opção de respostas: sim ou não, e espaço ao final da ficha destinado à apresentação da bandeira para a disputa.

Estão disponíveis para o jogo o uso das seguintes cores: amarela, azul, vermelha, verde ou preta. É preciso fazer uso de lápis de cor nessas cores ou, na ausência destes, os jogadores podem usar um lápis preto ou uma caneta de cor azul ou preta, e ao invés de colorir as listras ou regiões das bandeiras podem escrever as inicias de cada cor escolhida, fazendo assim: amarela (AM); azul (AZ); vermelha (VM); verde (VD) ou preta (PR).

III. Orientações quanto às regras do jogo (professor e alunos devem ler com atenção)

Eis as regras para o jogo:

(a) Alternadamente, cada jogador tem o direito de fazer uma pergunta dentre as perguntas mostradas no quadro acima - até o máximo de 4 perguntas -, com o oponente respondendo apenas: sim ou não.

(b) Cada jogador assinala a resposta obtida nos quadros à esquerda das perguntas, na linha correspondente à pergunta que fez.

(c) Só estão em disputa os formatos de bandeiras mostrados no primeiro quadro, acima.

(d) Conforme as perguntas formuladas, uma ou mais cores podem ser utilizadas, em repetição ou não.

(e) Todas as listras ou regiões de uma bandeira devem ser pintadas.

(f) O jogo pode começar após uma disputa tipo "zero ou um ou dois" entre os 2 jogadores: uma vez nomeada a palavra "já" os 2 jogadores apresentam o dedo indicador ou a mão estendida um ao outro, conforme a aposta tenha sido o somatório das possibilidades apresentadas, ou seja: pelo 0 ou pelo 1 ou pelo 2. O vencedor é o que escolheu a aposta que confirma o somatório mostrado.

(g) Uma vez definido o jogador que vai iniciar o jogo, este deve "fazer uma dentre as 13 perguntas acima ao oponente", registrando a resposta em sua ficha.

(h) Alternadamente cada jogador tem o direito a fazer uma pergunta, até o máximo de 4 perguntas para cada jogador.

(i) A disputa é feita por jogos únicos, isto é, em cada jogo vence o jogador que acertar o tipo da bandeira e a distribuição das cores da bandeira desenhada pelo seu oponente. Se nenhum dos dois jogadores acertou a escolha, ou os dois jogadores acertaram as escolhas que fizeram, nova disputa deve ser encaminhada até que se conheça o vencedor.

IV. Objetivo pedagógico do jogo

O objetivo pedagógico do jogo é o de oportunizar aos jogadores refletirem acerca das estratégias que podem ser postas em prática, de modo que se comportem como jogadores proativos, ou seja, jogadores que desejam vencer o jogo.

Assim, após algumas partidas em disputa, será possível perceber qual estratégia é melhor que outras de maneira que possa "identificar o tipo de bandeira escolhida pelo oponente e a distribuição das cores pelas listras ou regiões".

Para isso faz-se necessário que cada jogador assimile bem as regras e mobilize o pensamento combinatório em relação ao possível formato da bandeira e a cor de uma listra ou região de uma bandeira, para cada resposta obtida em decorrência da pergunta que faz.

Portanto, o objetivo principal do jogo é de que os jogadores mobilizem o pensamento combinatório nas buscas para encontrar uma estratégia vencedora. E a utilizem na prática, no desenrolar do jogo.

V. Organização dos alunos em sala

Os participantes podem se divertir com o jogo em duplas ou em grupos menores (dois jogadores em cada grupo).

VI. Explorando algumas possíveis variações do jogo, e a proposição de problemas

Existe também a possibilidade de o jogo ser preenchido sem a necessidade de fazer uso de cores, por exemplo, fazendo uso de letras: A, B, C, D e E ou fazendo uso de números: 1, 2, 3, 4 e 5.

VII. Alunos comunicando a aprendizagem, e a proposição de problemas

Recomenda-se ao professor que oportunize aos alunos a possibilidade de eles mostrarem o que aprenderam com o jogo comunicando a aprendizagem, a partir do jogo. Interessante e oportuno seria que tivessem a oportunidade de se expressarem, no grupo como um todo.

Também por meio da resolução de algumas questões, dentre as quais sugerimos:

(a) A Figura 17, abaixo, representa um mosaico com 4 regiões distintas, denominadas de quadrantes. Respeitando a condição de regiões contíguas não poderem ser pintadas com a mesma cor e fazendo uso de 2 cores - por exemplo: amarelo e vermelho -, quantos diferentes mosaicos é possível pintar?

Mostre todos os desenhos dos mosaicos.

primeiro quadrante	segundo quadrante
primeiro quadrante	segundo quadrante

Figura 17: Tabuleiro, com pinturas de bandeiras para ilustrar respostas para lançamentos dos jogadores. Fonte: o autor

(b) Considere o mosaico acima. Respeitando a condição de regiões contíguas não poderem ser pintadas com a mesma cor e a disponibilidade das cores verde, amarelo, azul e vermelho, quantos mosaicos distintos podem ser pintados quando o 1º quadrante for pintado com a cor verde?

Mostre todos os desenhos dos mosaicos.

(c) Considere o mosaico acima. Respeitando a condição de regiões contíguas não poderem ser pintadas com a mesma cor e a disponibilidade das cores verde, amarelo, azul e vermelho, quantos mosaicos distintos podem ser pintados, quando o 1º e o 3º quadrante tiverem sido pintados de vermelho?

(d) Considere o mosaico acima. Respeitando a condição de regiões contíguas não poderem ser pintadas com a mesma cor e a disponibilidade das cores verde, amarelo, azul e vermelho, quantos mosaicos distintos podem ser pintados?

O professor também pode propor que os alunos criem novos problemas a partir da problemática presente no jogo, e a sugestão dos outros alunos da turma se empenharem em resolver.

Considere a possibilidade de os outros alunos fazerem modificações nos textos apresentados pelos colegas, de maneira que eles fiquem mais claros e efetivos, se for o caso.

Colaborando com essa sugestão, os alunos podem propor questões semelhantes às que foram objeto dos itens (a) a (d) acima, escrevendo os enunciados em "tiras de papel" ou em "cartões em E.V.A".

Uma vez que os enunciados dessas novas questões tenham sido escritos em "tiras de papel" ou em "cartões em E.V.A", sugere-se que sejam colocados em uma caixa, de modo que sejam sorteadas uma a uma à medida que todos os alunos, em conjunto, as forem resolvendo.

Em seguida, recomenda-se a proposição de reflexões e discussões entre todos os alunos acerca das respostas apresentadas de modo que as resoluções corretas sejam validadas, e modificações sejam feitas nas resoluções que estejam incompletas ou contendo algum erro.

Esses momentos têm o propósito de motivar os alunos a resolverem problemas variados, elaborados por eles mesmos, e a validação de escolhas relacionadas com a utilização de estratégias de resolução. Ademais, sugere-se que o professor atue como um mediador das discussões.

Mas, se achar necessário o professor também pode propor questões que não tenham sido contempladas pelos alunos uma vez que considere importante que eles as resolvam.

1.7 Jogo VI

Jogo "Pinturas de bandeiras com 3 listras horizontais, dispondo de 2 cores (verde e vermelho), sem restrições quanto ao uso das cores pelas listras (possível considerar bandeiras que tenham as 2 listras pintadas com a mesma cor). Cada listra deve ser pintada com uma só cor e todas as listras devem ser pintadas". Tabuleiro 12 x 10.

I. Objetivo do jogo

O objetivo de cada jogador para vencer o jogo deve ser o de pintar 3 bandeiras por completo, cada qual com 2 listras horizontais, sem restrições quanto ao uso das cores pelas listras, isto é, podendo considerar bandeiras que tenham as 2 listras pintadas com a mesma cor.

Para tal, cada jogador precisa capturar peças de jogo (tampinhas de bebida) de seu adversário, de maneira que possa ir pintando as listras das bandeiras com cores iguais às cores das peças capturadas. Um jogador A dispõe de tampinhas nas cores verde e amarela (12 peças de cada cor) e o seu adversário dispõe de tampinhas nas cores azul e branca (12 peças de cada cor).

II. Regras

Regra 1:

Cada jogador distribui suas 24 peças no tabuleiro 12 x 10, nas primeiras 4(quatro) fileiras horizontais junto de si.

O jogador A coloca suas peças nos quadrados de cor preta, e o jogador adversário coloca suas peças nos quadrados de cor branca, ou vice-versa. Cada jogador distribui suas peças no tabuleiro da maneira que julgar conveniente - considerando a sua estratégia pessoal de jogo -, mas sempre nas 4 fileiras horizontais mais próximas de si.

Sendo assim, antes de iniciar o jogo, teremos as 4 fileiras horizontais mais próximas de cada jogador, preenchidas com todas as peças de cada um deles, e 2 fileiras horizontais vazias no centro do tabuleiro - indispensáveis para permitir a movimentação das primeiras peças de cada jogador, quando o jogo iniciar. Cada jogador deve cuidar para que o seu adversário não veja como ele está distribuindo as peças pelo tabuleiro. Para tal, recomendamos colocar um pedaço de papelão no centro do tabuleiro, que será retirado quando o jogo iniciar. Uma vez que todas as peças de cada jogador tenham sido dispostas no tabuleiro, o jogo pode iniciar.

Regra 2:

Inicialmente será preciso jogar "par" ou "ímpar", para verificar qual jogador dará início ao jogo.

Regra 3:

O jogo é iniciado pelo jogador que venceu o "par" ou "ímpar" e ele movimenta - sempre para frente - uma peça sua, por vez, para uma posição (um quadrado) da mesma cor em que todas as suas peças foram colocadas no início do jogo.

Em uma jogada posterior, caso um dos jogadores necessite movimentar uma peça sua, e esta peça se defronte com uma peça do adversário à sua frente, terá de fazer o movimento de captura da tal peça do adversário apenas se o jogador tem o propósito de seguir para frente com essa sua peça, uma vez que a captura de uma peça não é obrigatória.

Assim, o jogador pode movimentar qualquer outra peça que não seja aquela que está na iminência de vir a capturar uma peça do adversário, por conta de sua estratégia de jogo.

A cor da peça do adversário que foi capturada será a cor que vai ser usada para pintar uma listra de uma bandeira (a listra de uma bandeira que ainda esteja sendo pintada, ou a listra de uma nova bandeira, decisão essa que fica a cargo do jogador de acordo com a sua estratégia de jogo).

Uma vez que uma primeira peça seja capturada por um jogador, o "Mapa de Apuração" será entregue a este jogador pelo juiz do jogo com o propósito de que o jogador faça o registro da cor da peça que acabou de capturar em uma listra de uma bandeira, de imediato. Tal registro não mais poderá ser modificado.

Em seguida, o jogador repassa o "Mapa de Apuração" para o juiz do jogo, de modo que ele confira o registro e dê validade ou não à indicação da cor anotada na listra indicada, consoante a cor da peça que foi capturada e em respeito à regra do jogo.

Após ter feito o registro da cor da peça capturada em uma listra de uma bandeira e ter recebido a validação do registro pelo juiz do jogo, o mesmo jogador que acabou de capturar uma peça de seu adversário deve movimentar uma nova peça sua. Se o jogador capturar uma nova peça, o procedimento anterior é repetido.

Portanto, a vez do jogo é repassada para o seu adversário apenas quando o jogador movimenta uma peça sua, mas não captura uma peça do adversário.

Regra 4:

Vence o jogo, o jogador que completar a pintura de 3 bandeiras, respeitadas as condições estabelecidas no início do jogo.

Para refletir, e tentar resolver:

1. Quantas diferentes pinturas de bandeiras com 3(três) listras horizontais podem ser feitas quando dispomos de 2 cores, sem restrição quanto a distribuição das cores pelas listras?

Resposta:

2. Dispondo dos algarismos 5 e 7, quantos números com 3 algarismos é possível formar?

Resposta:

3. Quantas diferentes pinturas de bandeiras com 3 listras horizontais podem ser feitas quando dispomos de 2 cores, com a condição de considerar apenas as bandeiras que têm cores distintas em listras contíguas (uma junto à outra)?

Resposta:

4. Dispondo dos algarismos 2 e 9, quantos números com 3 algarismos é possível formar, tendo o algarismo das dezenas simples distinto dos demais?

Resposta:

5. De quantos modos as amigas Ana e Bia podem se sentar em um banco que possui exatos 3 lugares, dispostos lado a lado?

Resposta:

1.8 Jogo VII

Jogo "Pinturas de bandeiras com 2 listras horizontais, dispondo de 3 cores (verde, amarelo e vermelho), desconsiderando as bandeiras que tenham as 2 listras pintadas com a mesma cor. Cada listra deve ser pintada com uma só cor e todas as listras devem ser pintadas". Tabuleiro 8 x 8.

I. Objetivo do jogo

O objetivo de cada jogador para vencer o jogo deve ser o de pintar 3 bandeiras por completo, cada bandeira com 2 listras horizontais, não sendo permitido considerar bandeiras com a mesma cor nas 2 listras.

Para tal, cada jogador precisa capturar peças de jogo (tampinhas de bebida) de seu adversário, de maneira que possa ir pintando as listras das bandeiras com cores iguais às cores das peças capturadas do seu oponente.

Um jogador A dispõe de tampinhas nas cores verde, amarela e vermelha (4 peças de cada cor) e o seu adversário dispõe de tampinhas nas cores azul, preta e branca (4 peças de cada cor).

II. Regras

Regra 1

Cada jogador distribui suas 12 peças no tabuleiro 8 x 8, nas primeiras 3 fileiras horizontais junto de si.

O jogador A coloca suas peças nos quadrados de cor preta, e o jogador adversário coloca suas peças nos quadrados de cor branca, ou vice-versa. Cada jogador distribui suas peças no tabuleiro da maneira que julgar conveniente - considerando a sua estratégia pessoal de jogo -, mas sempre nas 3 fileiras horizontais mais próximas de si.

Sendo assim, antes de iniciar o jogo teremos as 3 fileiras horizontais mais próximas de cada jogador preenchidas com todas as peças de cada jogador, e 2 fileiras horizontais vazias no centro do tabuleiro - indispensáveis para permitir a movimentação das primeiras peças de cada jogador quando o jogo for iniciado.

Cada jogador deve cuidar para que o seu adversário não veja como ele está distribuindo as peças pelo tabuleiro. Para tal, recomenda-se colocar um pedaço de papelão no centro do tabuleiro para não permitir a visualização das peças. O papelão será retirado quando do início do jogo.

Uma vez que todas as peças de cada jogador tenham sido dispostas no tabuleiro, o jogo pode iniciar.

Regra 2:

Inicialmente será preciso jogar "par" ou "ímpar", para verificar qual jogador dará início ao jogo.

Regra 3:

O jogo é iniciado pelo jogador que venceu o "par" ou "ímpar" e ele movimenta - sempre para frente - uma peça sua, por vez, para uma posição (um quadrado) da mesma cor em que todas as suas peças foram colocadas no início do jogo.

Em uma jogada posterior, caso um dos jogadores necessite movimentar uma peça sua e esta peça se defronte com uma peça do adversário à sua frente, terá de fazer o movimento de captura da tal peça do adversário, mas apenas se o jogador tiver o propósito de seguir para frente com essa sua peça, uma vez que a captura de uma peça não é obrigatória. Assim, o jogador pode movimentar qualquer outra peça que não seja aquela que está na iminência de vir a capturar uma peça do adversário, por conta de sua estratégia de jogo.

A cor da peça do adversário que foi capturada será a cor que vai ser usada para pintar uma listra de uma bandeira (a listra de uma bandeira que ainda esteja sendo pintada ou a listra de uma nova bandeira - decisão essa, que fica a cargo do jogador, de acordo com a sua estratégia de jogo).

Uma vez que uma primeira peça seja capturada por um jogador, o "Mapa de Apuração" será entregue a este jogador pelo juiz do jogo, com o propósito de o jogador fazer o registro da cor da peça que acabou de capturar, em uma listra qualquer de uma bandeira, e de imediato. Tal registro não mais poderá ser modificado.

Em seguida, o jogador repassa o "Mapa de Apuração" para que o juiz do jogo confira validade ou não à indicação da cor anotada na listra indicada, consoante à cor da peça que foi capturada e em respeito à regra do jogo.

Após ter feito o registro da cor da peça capturada em uma listra de uma bandeira e ter recebido a validação do registro pelo juiz do jogo, o mesmo jogador que acabou de capturar uma peça de seu adversário deve movimentar uma nova peça sua. Se o jogador capturar uma nova peça, o procedimento anterior é repetido.

Portanto, a vez do jogo é repassada para o seu adversário apenas quando o jogador movimenta uma peça sua, mas não captura uma peça do adversário.

Regra 4:

Vence o jogo o jogador que completar a pintura de 3 (três) bandeiras, respeitadas as condições estabelecidas no início do jogo.

Para refletir, e tentar resolver:

1. Quantas diferentes pinturas de bandeiras com 2 (duas) listras horizontais podem ser feitas quando dispomos de 3 (três) cores, sem restrição quanto à distribuição das cores pelas listras?

Resposta:

2. Como os algarismos 5, 6 e 7 disponíveis, quantos números com 2 algarismos é possível formar?

Resposta:

3. Quantas diferentes pinturas de bandeiras com 2 listras horizontais podem ser feitas quando dispomos de 3 cores, com a condição de considerar apenas as bandeiras que têm cores distintas nas 2 listras?

Resposta:

4. Dispondo dos algarismos 2, 3 e 9, quantos números com 2 algarismos distintos são possíveis formar?

Resposta:

1.9 Jogo VIII

Jogo "Pinturas de bandeiras com 4 listras horizontais, dispondo de peças de 4 cores (verde, amarelo, vermelho e azul), 5 peças de cada cor, com a restrição de considerar apenas as bandeiras que tenham as listras pintadas com cores distintas entre si. Cada listra deve ser pintada com uma só cor e todas as listras devem ser pintadas". Tabuleiro 10 x 10.

I. Objetivo do jogo

O objetivo de cada jogador para vencer o jogo deve ser o de pintar 3 bandeiras por completo, cada bandeira com 4 listras horizontais, com a restrição de considerar apenas bandeiras que tenham listras pintadas com cores distintas entre si pelas 4 listras.

Para tal, cada jogador precisa capturar peças de jogo (tampinhas de bebida) de seu adversário, de maneira que vá pintando as listras das bandeiras com cores iguais às cores das peças capturadas. Um jogador A dispõe de tampinhas nas cores verde, amarela, vermelha e azul (5 peças de cada cor) e o seu adversário dispõe de tampinhas nas cores rosa, preta, branca e azul escura (5 peças de cada cor).

Regras

Regra 1:

Cada jogador distribui suas 20 peças no tabuleiro 10 x 10, nas primeiras 4 fileiras horizontais junto de si. O jogador A coloca suas peças nos quadrados de cor preta, e o jogador adversário coloca suas peças nos quadrados de cor branca, ou vice-versa. Cada jogador distribui suas peças no tabuleiro da maneira que julgar conveniente - considerando a sua estratégia pessoal de jogo -, mas sempre nas 4 fileiras horizontais mais próximas de si.

Sendo assim, antes de iniciar o jogo teremos as 4 fileiras horizontais mais próximas de cada jogador preenchidas com todas as peças de cada jogador, e 2 fileiras horizontais vazias no centro do tabuleiro - indispensáveis para permitir a movimentação das primeiras peças de cada jogador quando o jogo for iniciado. Cada jogador deve cuidar para que o seu adversário não veja como ele está distribuindo as peças pelo tabuleiro.

Para tal, recomenda-se colocar um pedaço de papelão no centro do tabuleiro para não permitir a visualização das peças. O papelão será retirado quando do início do jogo.

Uma vez que todas as peças de cada jogador tenham sido dispostas no tabuleiro, o jogo pode iniciar.

Regra 2:

Inicialmente será preciso jogar "par" ou "ímpar", para verificar qual jogador dará início ao jogo.

Regra 3:

O jogo é iniciado pelo jogador que venceu o "par" ou "ímpar" e ele movimenta - sempre para frente - uma peça sua, por vez, para uma posição (um quadrado) da mesma cor em que todas as suas peças foram colocadas no início do jogo.

Em uma jogada posterior, caso um dos jogadores necessite movimentar uma peça sua e esta peça se defronte com uma peça do adversário, à sua frente, terá de fazer o movimento de captura da tal peça do adversário, mas apenas se o jogador tiver o propósito de seguir para frente com essa sua peça, uma vez que a captura de uma peça não é obrigatória.

Assim, o jogador pode movimentar qualquer outra peça que não seja aquela que está na iminência de capturar uma peça do adversário, por conta de sua estratégia de jogo.

A cor da peça do adversário que foi capturada será a cor que vai ser usada para pintar uma listra de uma bandeira (a listra de uma bandeira que ainda esteja sendo pintada ou a listra de uma nova bandeira - decisão essa, que fica a cargo do jogador, de acordo com a sua estratégia de jogo).

Uma vez que uma primeira peça seja capturada por um jogador, o "Mapa de Apuração" será entregue a este jogador pelo juiz do jogo, com o propósito de o jogador fazer o registro da cor da peça que acabou de capturar em uma listra qualquer de uma bandeira, e de imediato. Tal registro não mais poderá ser modificado.

Em seguida, o jogador repassa o "Mapa de Apuração" para que o juiz do jogo confira validade ou não à indicação da cor anotada na listra indicada, consoante à cor da peça que foi capturada e em respeito à regra do jogo.

Após ter feito o registro da cor da peça capturada em uma listra de uma bandeira e ter recebido a validação do registro pelo juiz do jogo, o mesmo jogador que acabou de capturar uma peça de seu adversário deve movimentar uma nova peça sua. Se o jogador capturar uma nova peça, o procedimento anterior é repetido.

Portanto, a vez do jogo é repassada para o seu adversário apenas quando o jogador movimenta uma peça sua, mas não captura uma peça do adversário.

Regra 4:

Vence o jogo, o jogador que completar a pintura de 3 bandeiras, respeitadas as condições estabelecidas no início do jogo.

Para refletir, e tentar resolver:

1. Quantas diferentes pinturas de bandeiras com 4 listras horizontais podem ser feitas quando dispomos de 4 cores, considerando que todas as listras devem ser pintadas com cores distintas entre si, e todas as listras devem ser pintadas? **Resposta:**

2. Dispondo dos algarismos 4, 5, 6 e 7, quantos números com 4 algarismos distintos é possível formar?
Resposta:

3. Dispondo dos algarismos 1, 2, 3, 4, 5, 6, 7, 8 e 9, quantos números com 4 algarismos distintos é possível formar?
Resposta:

4. Dispondo dos algarismos 1, 2, 3, 4, 5, 6, 7, 8 e 9, quantos números com 4 algarismos é possível formar?
Resposta:

5. De quantos modos as amigas Ana, Bia, Carla e Eva podem se sentar em um banco que possui exatos 4 lugares, dispostos lado a lado?
Resposta:

1.10 Jogo IX

Jogo "Pinturas de bandeiras com 4 listras horizontais, dispondo de peças de 4 cores (verde, amarelo, vermelho e azul), 4 peças de cada cor, com a restrição de considerar apenas as bandeiras que tenham listras

contíguas (juntas) pintadas com cores distintas entre si. Cada listra deve ser pintada com uma só cor e todas as listras devem ser pintadas". Tabuleiro 8 x 10.

I. Objetivo do jogo

O objetivo de cada jogador para vencer o jogo deve ser o de pintar 3 bandeiras por completo, cada bandeira com 4 listras horizontais, com a restrição de considerar apenas bandeiras que tenham listras contíguas (juntas) pintadas com cores distintas entre si.

Para tal, cada jogador precisa capturar peças de jogo (tampinhas de bebida) de seu adversário, de maneira que vá pintando as listras das bandeiras com cores iguais às cores das peças capturadas.

Um jogador A dispõe de tampinhas nas cores verde, amarela, vermelha e azul (4 peças de cada cor) e o seu adversário dispõe de tampinhas nas cores rosa, preta, branca e azul escuro (4 peças de cada cor).

Regra 1:

Cada jogador distribui suas 16 peças no tabuleiro 8 x 10, nas primeiras 4 fileiras horizontais junto de si. O jogador A coloca suas peças nos quadrados de cor preta, e o jogador adversário coloca suas peças nos quadrados de cor branca, ou vice-versa.

Cada jogador distribui suas peças no tabuleiro da maneira que julgar conveniente - considerando a sua estratégia pessoal de jogo -, mas sempre nas 4 fileiras horizontais mais próximas de si.

Sendo assim, antes de iniciar o jogo, teremos as 4 fileiras horizontais mais próximas de cada jogador, preenchidas com todas as peças de cada jogador, e 2 fileiras horizontais vazias no centro do tabuleiro - indispensáveis para permitir a movimentação das primeiras peças de cada jogador quando o jogo for iniciado.

Cada jogador deve cuidar para que o seu adversário não veja como ele está distribuindo as peças pelo tabuleiro.

Para tal, recomenda-se colocar um pedaço de papelão no centro do tabuleiro para não permitir a visualização das peças. O papelão será retirado quando do início do jogo.

Uma vez que todas as peças de cada jogador tenham sido dispostas no tabuleiro, o jogo pode iniciar.

Regra 2:

Inicialmente será preciso jogar "par" ou "ímpar", para verificar qual jogador dará início ao jogo.

Regra 3:

O jogo é iniciado pelo jogador que venceu o "par" ou "ímpar" e ele movimenta - sempre para frente - uma peça sua, por vez, para uma posição (um quadrado) da mesma cor em que todas as suas peças foram colocadas no início do jogo.

Em uma jogada posterior, caso um dos jogadores necessite movimentar uma peça sua e esta peça se defronte com uma peça do adversário à sua frente, terá de fazer o movimento de captura da tal peça do adversário, mas apenas se o jogador tem o propósito de seguir para frente com essa sua peça, uma vez que a captura de uma peça não é obrigatória.

Assim, o jogador pode movimentar qualquer outra peça que não seja a sua peça que está na iminência de vir a capturar uma peça do adversário, por conta de sua estratégia de jogo.

A cor da peça do adversário que foi capturada será a cor que vai ser usada para pintar uma listra de uma bandeira (a listra de uma bandeira que ainda esteja sendo pintada ou a listra de uma nova bandeira - decisão essa, que fica a cargo do jogador, de acordo com a sua estratégia de jogo).

Uma vez que uma primeira peça seja capturada por um jogador, o "Mapa de Apuração" será entregue a este jogador pelo juiz do jogo com o propósito de o jogador fazer o registro da cor da peça que acabou de capturar, em uma listra qualquer de uma bandeira, e de imediato. Tal registro não mais poderá ser modificado.

Em seguida, o jogador repassa o "Mapa de Apuração" para que o juiz do jogo confira validade ou não à indicação da cor anotada na listra indicada, consoante à cor da peça que foi capturada e em respeito à regra do jogo.

Após ter feito o registro da cor da peça capturada em uma listra de uma bandeira e ter recebido a validação do registro pelo juiz do jogo, o mesmo jogador que acabou de capturar uma peça de seu adversário deve movimentar uma nova peça sua. Se o jogador capturar uma nova peça, o procedimento anterior é repetido.

Portanto, a vez do jogo é repassada para o seu adversário apenas quando o jogador movimenta uma peça sua, mas não captura uma peça do adversário.

Regra 4:

Vence o jogo, o jogador que completar a pintura de 3 bandeiras, respeitadas as condições estabelecidas no início do jogo.

Para refletir, e tentar resolver:

1. Quantas diferentes pinturas de bandeiras com 4 listras horizontais podem ser feitas quando dispomos de 4 cores, considerando que listras contíguas (juntas) devem ser pintadas com cores distintas entre si, e todas as listras devem ser pintadas? **Resposta:**

2. Dispondo dos algarismos 4, 5, 6 e 7, quantos números com 4 algarismos é possível formar, considerando que os algarismos dispostos nas ordens juntas (por exemplo: dezenas simples e centenas simples) do número devem ser distintos entre si? **Resposta:**

3. Dispondo dos algarismos 1, 2, 3, 4, 5, 6, 7, 8 e 9, quantos números com 4 algarismos é possível formar considerando que os algarismos dispostos nas ordens juntas (por exemplo: dezenas simples e centenas simples) do número devem ser distintos entre si?

Resposta:

4. Quantas diferentes pinturas de bandeiras com 4 listras horizontais podem ser feitas quando dispomos de 6 cores, considerando que listras contíguas (juntas) devem ser pintadas com cores distintas entre si, e todas as listras devem ser pintadas? **Resposta:**

1.11 Jogo X

Jogo "Pinturas de bandeiras em formato quadrado, o qual é repartido em 4 quadrantes, dispondo de 4 cores (verde, amarelo, vermelho e azul), 4 peças de cada cor, com a restrição de considerar apenas as bandeiras que tenham quadrantes contíguos (que têm uma linha como fronteira comum) pintados com cores distintas. Cada quadrante deve ser pintado com uma só cor e todos os quadrantes devem ser pintados". Tabuleiro 8 x 10.

I. Objetivo do jogo

O objetivo de cada jogador é o de pintar, por completo, 4 bandeiras em formato quadrado, repartido em 4 quadrantes, levando em conta que serão consideradas apenas as pinturas em que os quadrantes contíguos (que têm uma fronteira em comum) sejam pintados com cores distintas, quando se dispõe de peças do jogo nas cores: (verde, amarelo, vermelho e azul), 4 peças de cada cor, para o jogador A e peças do jogo nas cores: (rosa, preto, branco, azul escuro), 4 peças de cada cor, para o jogador B.

II. Regras

Regra 1:

Cada jogador distribui suas 16 peças no tabuleiro 8 x 10, nas primeiras 4 fileiras horizontais junto de si. O jogador A coloca suas peças nos quadrados de cor preta, e o jogador adversário coloca suas peças nos quadrados de cor branca, ou vice-versa.

Cada jogador distribui suas peças no tabuleiro da maneira que julgar conveniente - considerando a sua estratégia pessoal de jogo -, mas sempre nas 4(quatro) fileiras horizontais mais próximas de si.

Sendo assim, antes de iniciar o jogo teremos as 4 fileiras horizontais mais próximas de cada jogador preenchidas com todas as peças de cada jogador, e 2 fileiras horizontais vazias no centro do tabuleiro - indispensáveis para permitir a movimentação das primeiras peças de cada jogador quando o jogo for iniciado.

Cada jogador deve cuidar para que o seu adversário não veja como ele está distribuindo as peças pelo tabuleiro. Para tal, recomenda-se colocar um pedaço de papelão no centro do tabuleiro para não permitir a visualização das peças. O papelão será retirado, quando do início do jogo.

Uma vez que todas as peças de cada jogador tenham sido dispostas no tabuleiro, o jogo pode iniciar.

Regra 2:

Inicialmente, será preciso jogar "par" ou "ímpar" para verificar qual jogador irá dar início ao jogo.

Regra 3:

O jogo é iniciado pelo jogador que venceu a disputa "par" ou "ímpar" e ele movimenta - sempre para frente - uma peça sua, por vez, para uma posição (um quadrado) da mesma cor em que todas as suas peças foram colocadas no início do jogo.

Em uma jogada posterior, caso um dos jogadores necessite movimentar uma peça sua e esta peça se defronte com uma peça do adversário à sua frente terá de fazer o movimento de captura da tal peça do adversário, mas apenas se o jogador tem o propósito de seguir para frente com essa sua peça, uma vez que a captura de uma peça não é obrigatória.

Assim, o jogador pode movimentar qualquer outra peça que não seja a sua peça que está na iminência de vir a capturar uma peça do adversário, por conta de sua estratégia de jogo.

A cor da peça do adversário que foi capturada será a cor que vai ser usada para pintar uma listra de uma bandeira (a listra de uma bandeira que ainda esteja sendo pintada ou a listra de uma nova bandeira - decisão essa, que fica a cargo do jogador, de acordo com a sua estratégia de jogo).

Uma vez que uma primeira peça seja capturada por um jogador, o "Mapa de Apuração" será entregue a este jogador pelo juiz do jogo com o propósito de o jogador fazer o registro da cor da peça que acabou de capturar em uma listra qualquer de uma bandeira, e de imediato. Tal registro não mais poderá ser modificado.

Em seguida, o jogador repassa o "Mapa de Apuração" para que o juiz do jogo confira validade ou não à indicação da cor anotada na listra indicada consoante a cor da peça que foi capturada e em respeito à regra do jogo.

Após ter feito o registro da cor da peça capturada em uma listra de uma bandeira e ter recebido a validação do registro pelo juiz do jogo, o mesmo jogador que acabou de capturar uma peça de seu adversário deve movimentar uma nova peça sua. Se o jogador capturar uma nova peça, o procedimento anterior é repetido.

Portanto, a vez do jogo é repassada para o seu adversário apenas quando o jogador movimenta uma peça sua, mas não captura uma peça do adversário.

Regra 4:

Vence o jogo, o jogador que completar a pintura de 4 bandeiras, respeitadas as condições estabelecidas no início do jogo.

Para refletir, e tentar resolver:

1. Quantas diferentes pinturas de bandeiras com formato de um quadrado repartido em 4 quadrantes podem ser feitas, quando dispomos de 3 cores, considerando que quadrantes contíguos (que têm uma linha em comum) devem ser pintados com cores distintas entre si, e todos os quadrantes devem ser pintados?

Resposta:

2. Quantas diferentes pinturas de bandeiras com formato de um quadrado repartido em 4 quadrantes podem ser feitas, quando dispomos de 4 cores, considerando que quadrantes contíguos (que têm uma linha em comum) devem ser pintados com cores distintas entre si, e todos os quadrantes devem ser pintados?

Resposta:

3. Dispondo dos algarismos 4, 5 e 7, quantos números com 4 algarismos são possíveis formar, considerando que os algarismos dispostos nas ordens unidades simples e dezenas simples têm de ser distintos entre si, bem como os algarismos dispostos nas ordens centenas simples e unidades de milhar têm de ser distintos entre si?

Resposta:

1.12 Jogo XI

Jogo "Pinturas de bandeiras em formato quadrado, um círculo na região central do quadrado e a região externa ao círculo e interna ao quadrado repartida em 4 distintas áreas, conforme mostra a figura a seguir, dispondo de 5 cores (verde, amarelo, vermelho, azul e branco), 6 peças de cada cor, e as seguintes restrições: considerar apenas as bandeiras que tenham cada área externa ao círculo pintada com uma cor distinta da cor que seja usada para pintar o círculo, e as áreas contíguas (que têm uma linha como fronteira comum) devem ser pintadas com cores distintas entre si. Cada região deve ser pintada com uma só cor e todas as áreas internas ao quadrado devem ser pintadas". Tabuleiro 12 x 12

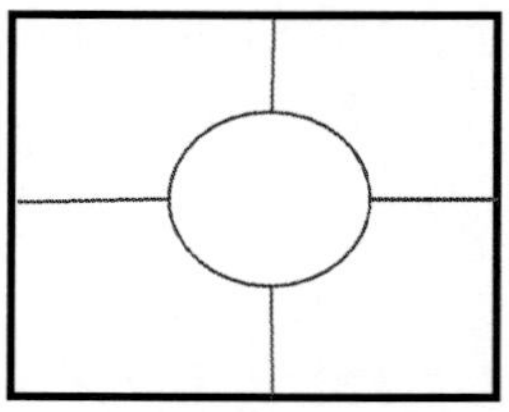

Figura 18: Formato de uma bandeira para o desenrolar do jogo. Fonte: o autor.

I. Objetivo do jogo

O objetivo de cada jogador é o de pintar, por completo, 4 bandeiras em formato quadrado, repartido em um círculo na região central do quadrado e a região externa ao círculo e interna ao quadrado repartida em 4 distintas áreas, conforme mostra a Figura 18, quando dispomos de 5 cores (verde, amarelo, vermelho, azul e branco), e as seguintes restrições: considerar apenas bandeiras que tenham as áreas pintadas com cor distinta da cor usada para pintar o círculo, e áreas contíguas (que têm uma linha como fronteira comum) pintadas com cores distintas, 5 distintas regiões a serem pintadas, quando se dispõe de peças do jogo nas cores: (verde, amarelo, vermelho, azul e branco), 6 peças de cada cor, para o jogador A, e peças do jogo nas cores: (rosa, preto, azul escuro, marrom, lilás), 6 peças de cada cor, para o jogador B.

II. Regras

Regra 1:

Cada jogador distribui suas 30 peças no tabuleiro 12 x 12, nas primeiras 5 fileiras horizontais junto de si. O jogador A coloca suas peças nos quadrados de cor preta, e o jogador adversário coloca suas peças nos quadrados de cor branca, ou vice-versa.

Cada jogador distribui suas peças no tabuleiro da maneira que julgar conveniente - considerando a sua estratégia pessoal de jogo -, mas sempre nas 5(cinco) fileiras horizontais mais próximas de si.

Sendo assim, antes de iniciar o jogo teremos as 5 fileiras horizontais mais próximas de cada jogador preenchidas com todas as peças de cada jogador, e 2 fileiras horizontais vazias no centro do tabuleiro - indispensáveis para permitir a movimentação das primeiras peças de cada jogador quando o jogo for iniciado.

Cada jogador deve cuidar para que o seu adversário não veja como ele está distribuindo as peças pelo tabuleiro. Para tal, recomenda-se colocar um pedaço de papelão no centro do tabuleiro para não permitir a visualização das peças. O papelão será retirado quando do início do jogo.

Uma vez que todas as peças de cada jogador tenham sido dispostas no tabuleiro, o jogo pode iniciar.

Regra 2:

Inicialmente, será preciso jogar "par" ou "ímpar" para verificar qual jogador irá dar início ao jogo.

Regra 3:

O jogo é iniciado pelo jogador que venceu o "par" ou "ímpar" e ele movimenta - sempre para frente - uma peça sua, por vez, para uma posição (um quadrado) da mesma cor em que todas as suas peças foram colocadas no início do jogo.

Em uma jogada posterior, caso um dos jogadores necessite movimentar uma peça sua e esta peça se defronte com uma peça do adversário à sua frente terá de fazer o movimento de captura da tal peça do adversário, mas apenas se o jogador tem o propósito de seguir para frente com essa sua peça, uma vez que a captura de uma peça não é obrigatória.

Assim, o jogador pode movimentar qualquer outra peça que não seja a sua peça que está na iminência de vir a capturar uma peça do adversário, por conta de sua estratégia de jogo.

A cor da peça do adversário que foi capturada será a cor que vai ser usada para pintar uma listra de uma bandeira (a listra de uma bandeira que ainda esteja sendo pintada ou a listra de uma nova bandeira - decisão essa, que fica a cargo do jogador, de acordo com a sua estratégia de jogo).

Uma vez que uma primeira peça seja capturada por um jogador, o "Mapa de Apuração" será entregue a este jogador pelo juiz do jogo com o propósito de o jogador fazer o registro da cor da peça que acabou de capturar em uma listra qualquer de uma bandeira, e de imediato. Tal registro não mais poderá ser modificado.

Em seguida, o jogador repassa o "Mapa de Apuração" para que o juiz do jogo confira validade ou não à indicação da cor anotada na listra indicada consoante a cor da peça que foi capturada e em respeito à regra do jogo.

Após ter feito o registro da cor da peça capturada em uma listra de uma bandeira e ter recebido a validação do registro pelo juiz do jogo, o mesmo jogador que acabou de capturar uma peça de seu adversário deve movimentar uma nova peça sua. Se o jogador capturar uma nova peça, o procedimento anterior é repetido.

Portanto, a vez do jogo é repassada para o seu adversário apenas quando o jogador movimenta uma peça sua, mas não captura uma peça do adversário.

Regra 4:

Vence o jogo, o jogador que completar a pintura de 4 bandeiras, respeitadas as condições estabelecidas no início do jogo.

Para refletir, e tentar resolver:

1. Quantas diferentes pinturas de bandeiras com formato de um quadrado, com um círculo na região central e a região externa ao círculo e interior ao quadrado repartida em 4 áreas, podem ser feitas quando dispomos de 4 cores, considerando que quadrantes contíguos (que têm uma linha em comum) e quadrante e círculo contíguos (que têm uma linha em comum) devem ser pintados com cores distintas entre si, e todas as regiões devem ser pintadas?

Resposta:

2. Dispondo de 3 cores é possível fazer diferentes pinturas de bandeiras com formato de um quadrado, com um círculo na região central e a região externa ao círculo e interior ao quadrado repartida em 4 áreas, considerando que quadrantes contíguos (que têm uma linha em comum) e quadrante e círculo contíguos (que têm uma linha em comum) devem ser pintados com cores distintas entre si, e todas as regiões devem ser pintadas?

Resposta:

3. Dispondo dos algarismos 4, 5, 6 e 7, quantos números com 5 algarismos são possíveis formar, obedecidas às seguintes condições: o algarismo da posição dezenas simples deve ser distinto dos algarismos das posições unidades simples e centenas simples; o algarismo da posição centenas simples deve ser distinto dos algarismos das posições dezenas simples e unidades de milhar; o algarismo da posição unidades de milhar deve ser distinto dos algarismos das posições centenas simples e dezenas de milhar?

Resposta:

4. Os amigos Ana, Bia, Carla, Diego e Everton vão ao cinema e encontram uma fileira com 5 cadeiras vazias, lado a lado. De quantos modos eles podem se sentar, de modo que as meninas fiquem juntas e os meninos também fiquem juntos?

Resposta:

1.13 Jogo XII

Jogo "Pinturas de bandeiras com 4 listras horizontais, dispondo de 4 cores (verde, amarelo, vermelho e azul), 5 peças de cada cor, com a restrição de considerar que as listras 1 e 3 devem ser pintadas com a mesma cor. As listras 2 e 4 também devem ser pintadas com a mesma cor. Cada listra deve ser pintada com uma só cor e todas as listras devem ser pintadas". Tabuleiro 10 x 10

I. Objetivo do jogo

O objetivo de cada jogador para vencer o jogo deve ser o de pintar 4 bandeiras por completo, cada bandeira com 4 listras horizontais, com a restrição de considerar que as listras 1 e 3 devem ser pintadas com a mesma cor, bem como as listras 2 e 4 devem ser pintadas com a mesma cor.

Para tal, cada jogador precisa capturar peças de jogo (tampinhas de bebida) de seu adversário de maneira que vá pintando as listras das bandeiras com cores iguais às cores das peças capturadas. Um jogador A dispõe de tampinhas nas cores verde, amarelo, vermelho e azul (5 peças de cada cor) e o seu adversário dispõe de tampinhas nas cores rosa, preta, branco e azul escuro (5 peças de cada cor).

II. Regras

Regra 1:

Cada jogador distribui suas 20 peças no tabuleiro 10 x 10, nas primeiras 4 fileiras horizontais juntas de si.

O jogador A coloca suas peças nos quadrados de cor preta, e o jogador adversário coloca suas peças nos quadrados de cor branca, ou vice-versa. Cada jogador distribui suas peças no tabuleiro da maneira que julgar conveniente - considerando a sua estratégia pessoal de jogo -, mas sempre nas 4(quatro) fileiras horizontais mais próximas de si.

Sendo assim, antes de iniciar o jogo teremos as 4 fileiras horizontais mais próximas de cada jogador preenchidas com todas as peças de cada jogador, e 2 fileiras horizontais vazias no centro do tabuleiro - indispensáveis para permitir a movimentação das primeiras peças de cada jogador quando o jogo for iniciado.

Cada jogador deve cuidar para que o seu adversário não veja como ele está distribuindo as peças pelo tabuleiro. Para tal, recomenda-se colocar um pedaço de papelão no centro do tabuleiro para não permitir a visualização das peças. O papelão será retirado quando do início do jogo.

Uma vez que todas as peças de cada jogador tenham sido dispostas no tabuleiro, o jogo pode iniciar.

Regra 2:

Inicialmente será preciso jogar "par" ou "ímpar", para verificar qual jogador dará início ao jogo.

Regra 3:

O jogo é iniciado pelo jogador que venceu o "par" ou "ímpar" e ele movimenta - sempre para frente - uma peça sua, por vez, para uma posição (um quadrado) da mesma cor em que todas as suas peças foram colocadas no início do jogo.

Em uma jogada posterior, caso um dos jogadores necessite movimentar uma peça sua e esta peça se defronte com uma peça do adversário à sua frente terá de fazer o movimento de captura da tal peça do adversário, mas apenas se o jogador tem o propósito de seguir para frente com essa sua peça, uma vez que a captura de uma peça não é obrigatória.

Assim, o jogador pode movimentar qualquer outra peça que não seja a sua peça que está na iminência de vir a capturar uma peça do adversário, por conta de sua estratégia de jogo.

A cor da peça do adversário que foi capturada será a cor que vai ser usada para pintar uma listra de uma bandeira (a listra de uma bandeira que ainda esteja sendo pintada ou a listra de uma nova bandeira - decisão essa, que fica a cargo do jogador, de acordo com a sua estratégia de jogo).

Uma vez que uma primeira peça seja capturada por um jogador, o "Mapa de Apuração" será entregue a este jogador pelo juiz do jogo com o propósito de o jogador fazer o registro da cor da peça que acabou de capturar em uma listra qualquer de uma bandeira, e de imediato. Tal registro não mais poderá ser modificado.

Em seguida, o jogador repassa o "Mapa de Apuração" para que o juiz do jogo confira validade ou não à indicação da cor anotada na listra indicada consoante a cor da peça que foi capturada e em respeito à regra do jogo.

Após ter feito o registro da cor da peça capturada em uma listra de uma bandeira e ter recebido a validação do registro pelo juiz do jogo, o mesmo jogador que acabou de capturar uma peça de seu adversário deve movimentar uma nova peça sua. Se o jogador capturar uma nova peça, o procedimento anterior é repetido.

Portanto, a vez do jogo é repassada para o seu adversário apenas quando o jogador movimenta uma peça sua, mas não captura uma peça do adversário.

Regra 4:

Vence o jogo, o jogador que completar a pintura de 4 bandeiras, respeitadas as condições estabelecidas no início do jogo.

Para refletir, e tentar resolver:

1. Quantas diferentes pinturas de bandeiras com 4 listras horizontais podem ser feitas quando dispomos de 4 cores, considerando que as listras 1 e 3 devem ser pintadas com a mesma cor, bem como as listras 2 e 4, e todas as listras devem ser pintadas?

Resposta:

2. Dispondo dos algarismos 4, 5, 6 e 7, quantos números com 4 algarismos são possíveis formar considerando que os algarismos dispostos nas ordens unidades de milhar e dezenas simples do número devem ser iguais, bem como os algarismos dispostos nas ordens centena simples e unidades simples do número devem ser iguais entre si?

Resposta:

3. Dispondo dos algarismos 1, 2, 3, 4, 5, 6, 7, 8 e 9, quantos números com 4 algarismos são possíveis formar considerando que os algarismos dispostos nas ordens unidades de milhar e dezenas simples do número devem ser iguais, bem como que os algarismos dispostos nas ordens centena simples e unidades simples do número devem ser iguais entre si?

Resposta:

1.14 Jogo XIII

Jogo "Identificar a pintura de uma bandeira formada por 4 regiões (quadrantes), como mostrado nas figuras a seguir. Os quadrantes da bandeira são numerados como I, II, III e IV, da esquerda para a direita e de cima para baixo. Estão disponíveis 2 (dois) conjuntos de 4 pinos em cada - cada pino é **pintado de uma** só cor **nas cores verde, azul amarelo e vermelho. Cada conjunto de pinos é utilizado por cada um dos jogadores: o *desafiante* e o *desafiado*".**

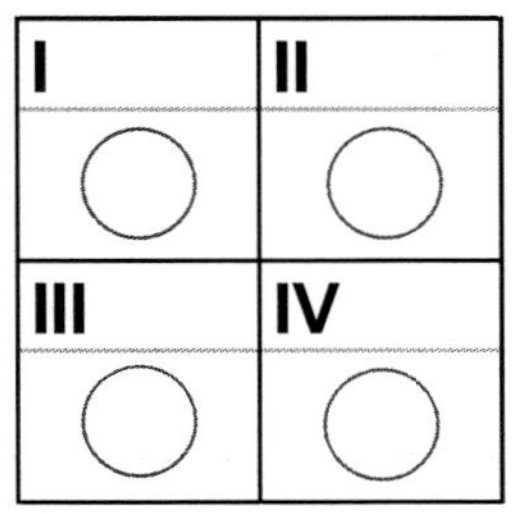

Figura 19: Formato de uma bandeira para o desenrolar do jogo. Fonte: o autor.

I. Material disponível para o Jogo

2 placas de madeira idênticas, contendo o mesmo formato da bandeira objeto da disputa, conforme mostrado nas figuras acima; 4 pinos coloridos, cada um pintado com uma das cores: verde, azul, amarelo e vermelho, para cada um dos 2 jogadores, e 2 "Quadros de respostas - Jogo de pinturas de bandeiras com 4 quadrantes", como mostrado no Quadro de respostas, conforme a Figura 20, a seguir.

Quadro de respostas – Jogo de pinturas de bandeiras com 4 quadrantes

Rodada	APOSTAS	RESPOSTAS	COMENTÁRIOS
1		(a); (b); (c); (d); (e); (f); (g)	
2		(a); (b); (c); (d); (e); (f); (g)	
3		(a); (b); (c); (d); (e); (f); (g)	
4		(a); (b); (c); (d); (e); (f); (g)	
5		(a); (b); (c); (d); (e); (f); (g)	
6		(a); (b); (c); (d); (e); (f); (g)	

Figura 20: Formato do quadro de resposta para o desenrolar do jogo. Fonte: o autor.

II. Objetivo e considerações sobre o Jogo

O jogo possibilita uma competição entre 2 jogadores: o ***desafiante*** e o ***desafiado***. O ***desafiante*** escolhe uma ordenação de cores para os 4(quatro) quadrantes de uma bandeira, e o propósito do jogo é que o ***desafiado*** descubra como as cores foram distribuídas pelo ***desafiante*** para pintar as 4 regiões (quadrantes) da bandeira por meio do uso de pinos coloridos.

Uma vez que descubra a correta ordenação das cores é considerado vencedor, e caso contrário é considerado perdedor. As buscas de maneiras para identificar a "pintura da bandeira" antes que cada jogada se concretize são próprias do exercício do raciocínio combinatório. Recomenda-se que o Jogo seja disputado de modo que cada participante dispute 2 partidas na posição de **desafiante** e 2 partidas na posição de **desafiado**, exceto se houver razão em contrário.

III. Instruções para o início do Jogo

Tanto o ***desafiante*** quanto o ***desafiado*** devem ler as instruções do jogo para que a disputa seja iniciada.

Inicialmente, o ***desafiante*** posiciona, a seu gosto os 4 pinos que estão consigo pelos quadrantes da sua placa de madeira (respectivamente, as regiões da bandeira), de modo que possa estabelecer a ordenação de cores das regiões que compõem o desenho da bandeira com o qual vai competir no jogo. O ***desafiante*** deve tomar cuidado par não deixar que o ***desafiante*** veja a arrumação que fez.

Uma vez que tenha concluído a arrumação dos pinos na sua placa de madeira, o ***desafiante*** deve escrever as letras iniciais das cores no espaço do desenho da bandeira presente no "Quadro de Respostas - Jogos de pinturas de bandeiras com 4 quadrantes", na ficha que está em seu poder.

Em seguida, o ***desafiante*** avisa ao ***desafiado*** que concluiu a pintura objeto da disputa do jogo, a arrumação dos seus pinos, coloca a placa de madeira sobre as suas pernas e avisa ao ***desafiado*** que o jogo pode ser iniciado.

IV. A disputa

As apostas, até o máximo de 6, são feitas por meio de tentativas (jogadas) do **desafiado** com o propósito de acertar a exata pintura da bandeira escolhida pelo **desafiante**, para a disputa do jogo.

Ou seja, a disputa consiste em o **desafiado** descobrir a cor de um pino e o respectivo quadrante (região da bandeira) que ele foi posicionado pelo **desafiante** em sua placa de madeira, para todos os 4 pinos em disputa.

Portanto, para ser considerado vencedor da disputa o **desafiado** precisa acertar a arrumação de pinos e quadrantes tal e qual o **desafiante** assim a fez, respeitada a regra estabelecida para o jogo: cada quadrante deve ser pintado de uma só cor.

V. Encaminhamento da disputa, primeira rodada

Há 4 pinos de madeira para cada jogador disponíveis nas cores Verde (VD), Azul (AZ), Amarelo (AM) e

Vermelho (VM). Os pinos devem ser posicionados obedecendo à condição de cada um dos 4 quadrantes (regiões da bandeira) ser pintado com uma só cor e todos os pinos (cores) devem ser utilizados para pintar a bandeira objeto do jogo.

O **desafiante** toma para si seus 4 pinos - cada pino pintado de uma cor - e escolhe para cada pino o respectivo quadrante da bandeira em que o pino será colocado na placa de madeira - como mostrado nas figuras acima - sem deixar que o **desafiado** identifique a pintura que fez.

Em seguida, o **desafiante** faz o registro da sua aposta no "Quadro de respostas – Jogo de pinturas de bandeiras com 4 quadrantes" tal qual foi o posicionamento dos seus pinos em sua placa de madeira.

Feito isso, o **desafiante** toma o "Quadro de respostas", vira-o para baixo e o coloca a certa distância dos 2 jogadores, mas visível ao **desafiado.** Tal quadro é desvirado pelo **desafiante** apenas após cada nova aposta ser feita pelo **desafiado**, de modo que possa anotá-la e também ao final do jogo.

Uma vez que o **desafiante** sinalizar já ter feito o posicionamento de seus 4 pinos e o respectivo registro no "Quadro de respostas", o **desafiado** faz uso da sua placa de madeira e de seus 4 pinos - cada pino pintado de uma cor - pinos de mesmas cores que os utilizados pelo **desafiante** para fazer a sua aposta inicial.

Para tal, posiciona os pinos na sua placa de madeira com a pintura objeto da sua aposta nesta rodada, à vista do **desafiante**, e a entrega para que este faça o confronto entre a aposta e a escolha que fez em relação às posições dos pinos na placa.

Tanto o **desafiante** quanto o **desafiado** fazem o mesmo registro da aposta, nos seus respectivos "Quadros de respostas". O **desafiado** deve aguardar a resposta do **desafiante** em relação à sua aposta, a qual será dada por meio da informação de qual opção entre (a), (b), (c) e (d) - conforme a seguir -, se enquadra a aposta que acabou de fazer.

(a) Em nenhuma das 4 regiões e respectivas cores de pinos há coincidência;

(b) Há 1 (uma) única coincidência entre região e respectiva cor do pino;

(c) Há apenas 2 coincidências entre regiões e respectivas cores dos pinos;

(d) O agrupamento escolhido está correto. Ou seja, é um agrupamento-solução que coincide com o que foi escolhido pelo ***desafiante***. O ***desafiado*** venceu o jogo.

Se a resposta do **desafiante** não foi a opção (d), o jogo continua. Terminada a primeira rodada ou as demais que possam se suceder até a 5ª rodada, se o ***desafiado*** não obteve êxito em vencer o jogo ele precisa refletir acerca dos resultados que obteve até a rodada anterior e preparar-se para fazer uma nova aposta - que pode, inclusive, ser a sua última chance para vencer o jogo caso seja a 6ª rodada.

VI. Procedimentos para a continuidade do Jogo

Em prosseguimento ao jogo - tanto para a 2ª rodada quanto para as demais rodadas até a 6ª rodada - o ***desafiado*** faz nova aposta e os mesmos procedimentos feitos quando da primeira rodada devem ser seguidos.

Os registros das apostas, tanto do ***desafiante*** quanto do ***desafiado***, não devem deixar de ser feitos no "Quadro de respostas - Jogo de pinturas de bandeiras com 4 quadrantes". No espaço "Comentários", no "Quadro de respostas", o ***desafiante*** ou o ***desafiado***, um ou outro, pode indicar qualquer informação que julgue adequado fazer.

VII. Final da partida

A partida termina quando o ***desafiado*** acerta a escolha da pintura da bandeira que foi feita pelo ***desafiado***, em qualquer uma das 6 (seis) tentativas, e é considerado vencedor. Ou então, o jogo é dado como terminado quando após a conclusão da 6ª (sexta) tentativa do ***desafiado*** em encontrar a pintura correta da bandeira, ele não logrou êxito, sendo considerado perdedor.

Ao final do jogo, e em qualquer uma das duas possibilidades de finalização da partida, cabe ao ***desafiante*** e ao ***desafiado*** apresentarem um ao outro a formação das cores escolhidas nas respectivas regiões da bandeira de modo que os dois possam compará-las entre si.

Feitas as considerações finais necessárias entre os dois jogadores, e uma vez confirmado o resultado final, cabe ao ***desafiante*** atribuir 1 (um) ponto de bônus para o ***desafiado***, se este foi o vencedor.

Mas, o jogo não se encerra nesse momento. Em seguida, o ***desafiado*** é instado a resolver as 3 questões que acompanham o Jogo, mostradas a seguir, e a entregar as resoluções e o resultado final ao ***desafiante***, de modo que este valide ou não a (s) resposta (s) e atribua 1 (um) ponto para cada resposta correta.

Assim, em cada partida o ***desafiado*** poderá obter o valor máximo de 4 pontos. Ao juiz da partida, o professor, caberá validar ou não a valoração atribuída pelo ***desafiante*** às respostas apresentadas pelo ***desafiado***. Eis as 3 questões:

- **Questão 1:** Sabendo que a cor amarela foi usada para pintar a região do 3º quadrante, quais pinturas da bandeira são possíveis considerar? Indique as respostas por meio de quádruplas, assim: (......, ..., ..., ...).
- **Questão 2:** De quantos modos é possível pintar a bandeira, sabendo que a cor amarela não foi usada para pintar a região do 3º quadrante?
- **Questão 3:** De quantas maneiras é possível pintar uma bandeira com este formato, tendo disponíveis 4 cores distintas?

Uma vez comparados os resultados finais entre todos os alunos que estiveram na posição de ***desafiado***, será possível identificar o (s) aluno (s) que se sagrou (aram) campeão (ões) neste jogo.

VIII. Penalidade

Se ficar provado pelo juiz da partida, o professor, que o **desafiante** enganou o **desafiado** ao assinalar alguma informação incorreta dentre as possibilidades (a), (b), (c) ou (d) ou atribuiu valoração incorreta a alguma resposta apresentada pelo **desafiado** para as 3 questões do Jogo, o **desafiado** receberá os 4 pontos de prêmio e uma nova partida será disputada pelo **desafiado** mas, agora, com um novo **desafiante**.

IX. Explorando algumas possíveis variações do jogo e a proposição de problemas

O Jogo também pode ser disputado entre 2 grupos de jogadores: 1(um) grupo de jogadores ***desafiantes*** e

1 (um) grupo de jogadores ***desafiados***. Há, também, uma terceira alternativa de disputa: o jogo ser disputado por vários grupos de jogadores ***desafiantes*** e por 1 (um) só jogador ***desafiado***: o professor.

Em relação ao material objeto do jogo, os pinos podem ser substituídos por tampinhas de "garrafa pet" e a placa de madeira pode ser substituída por um pedação de papelão ou parte de uma folha de E.V.A., onde o formato da bandeira é desenhado.

É interessante que os alunos reflitam acerca de possíveis modificações que podem ser feitas nas regras do jogo, notadamente no que se refere aos tipos de respostas que o ***desafiante*** fornece ao ***desafiado***, bem como em relação às 3 questões que são propostas para resolver quando o formato da bandeira se modifica para uma bandeira com 4 listras horizontais, como mostrado na Figura 21, a seguir.

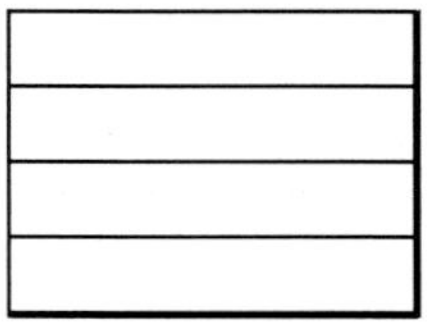

Figura 21: Formato de uma bandeira para o desenrolar do jogo. Fonte: o autor.

Para explorar, ainda mais, o conteúdo análise combinatória presente no jogo, o professor pode pedir aos alunos que joguem algumas vezes: 3 ou 4 vezes, pelo menos.

Entretanto, também é recomendável pedir aos alunos que resolvam alguns problemas que tenham relação direta com a temática, a partir do jogo. Além do mais, que os alunos produzam algum registro que mostre o quanto eles aprenderam com o jogo. Ou ainda, em momento mais adiante, que os alunos produzam novos problemas e novos jogos, na mesma linha deste jogo.

1.15 Jogo XIV

Jogo "Identificar a pintura de uma bandeira formada por 4 regiões (quadrantes) numeradas como I, II, III e IV, da esquerda para a direita e de cima para baixo, como mostrado na Figura 22, a seguir. Estão disponíveis 2 conjuntos de 4 pinos em cada - cada pino é pintado de uma só cor nas cores verde, azul amarelo e vermelho. Cada conjunto de pinos é utilizado por cada um dos jogadores: o desafiante e o desafiado. Devem ser observadas as seguintes condições: ou todas as regiões são pintadas com cores distintas entre si; ou se admite a possibilidade de repetição de 1 (uma) ou de 2 cores pelas regiões da bandeira, mas regiões (quadrantes) que têm fronteira em comum não podem ser pintadas com a mesma cor".

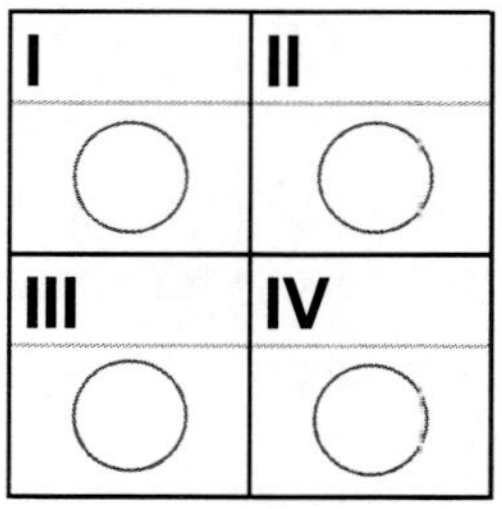

Figura 22: Formato de uma bandeira para o desenrolar do jogo. Fonte: o autor.

I. Material disponível para o Jogo

Os quadrantes da bandeira são numerados como I, II, III e IV, da esquerda para a direita, e de cima para baixo. Estão disponíveis 2 conjuntos de 8 pinos em cada conjunto - cada pino pintado em uma só cor dentre as cores verde, azul amarelo e vermelho, 2 pinos de cada cor -, para serem utilizados pelos 2 jogadores: o desafiante e o desafiado".

Estão disponíveis 2 placas de madeira idênticas contendo o mesmo formato da bandeira objeto da disputa conforme mostrado na Figura 22; 8 pinos coloridos, cada 2 pinos pintados com uma das cores verde, azul, amarelo e vermelho, disponíveis para cada um dos 2 jogadores, e 2 "Quadros de respostas - Jogo de pinturas de bandeiras com 4 quadrantes", como mostrado no Quadro de respostas, Figura 23, a seguir.

Quadro de respostas – Jogo de pinturas de bandeiras com 4 quadrantes

Rodada	APOSTAS	RESPOSTAS	COMENTÁRIOS
1		(a); (b); (c); (d); (e); (f); (g)	
2		(a); (b); (c); (d); (e); (f); (g)	
3		(a); (b); (c); (d); (e); (f); (g)	
4		(a); (b); (c); (d); (e); (f); (g)	
5		(a); (b); (c); (d); (e); (f); (g)	
6		(a); (b); (c); (d); (e); (f); (g)	

Figura 23: Formato de um quadro de respostas para o desenrolar do jogo. Fonte: o autor.

II. Objetivo e considerações sobre o Jogo

O jogo possibilita a competição entre 2 jogadores: o ***desafiante*** e o ***desafiado***. O ***desafiante*** escolhe uma ordenação de cores para os 4 quadrantes de uma bandeira, e o propósito do jogo é que o ***desafiado*** descubra como as cores foram distribuídas pelo ***desafiante*** para pintar as 4 regiões (quadrantes) da bandeira por meio do uso de pinos coloridos.

Uma vez que descubra a correta ordenação das cores é considerado vencedor, e caso contrário é considerado perdedor. As buscas de maneiras para identificar a "pintura da bandeira" antes que cada jogada se concretize são próprias do exercício do raciocínio combinatório. Recomenda-se que o Jogo seja disputado de modo que cada participante dispute 2 partidas na posição de **desafiante** e 2 partidas na posição de **desafiado**, exceto se houver razão em contrário.

III. Instruções para o início do Jogo

Tanto o ***desafiante*** quanto o ***desafiado*** devem ler as instruções do jogo para que a disputa seja iniciada.

Inicialmente o ***desafiante*** posiciona, a seu gosto, 4 dos 8 pinos que estão consigo pelos quadrantes da sua placa de madeira (respectivamente, as regiões da bandeira), de maneira que possa estabelecer a ordenação de cores das regiões que compõem o desenho da bandeira com o qual vai competir no jogo, obedecidas as condições estabelecidas no jogo para a distribuição das cores pelos quadrantes: regiões com fronteira comum não podem ser pintadas com a mesma cor.

O ***desafiante*** deve tomar cuidado para não deixar que o ***desafiado*** veja a arrumação que fez. Além do mais, é conveniente que esconda todos os pinos que não foram utilizados, pois se os deixar à vista do ***desafiado*** este poderá intuir sobre as peças que fez uso e, possivelmente, lograr alguma vantagem nas suas apostas.

Uma vez que tenha concluído a arrumação dos pinos na sua placa de madeira, o ***desafiante*** deve escrever as letras iniciais das cores no espaço do desenho da bandeira presente no "Quadro de Respostas - Jogos de pinturas de bandeiras com 4 quadrantes", na ficha que está em seu poder.

Em seguida, o ***desafiante*** avisa ao ***desafiado*** que concluiu a pintura objeto da disputa do jogo, a arrumação dos seus pinos, coloca a placa de madeira sobre as suas pernas e avisa ao ***desafiado*** que o jogo pode ser iniciado.

IV. A disputa

As apostas, até o máximo de 6, são feitas por meio de tentativas (jogadas) do **desafiado** com o propósito de acertar a exata pintura da bandeira escolhida pelo **desafiante**, para a disputa do jogo.

Ou seja, a disputa consiste em o **desafiado** descobrir a cor de 1(um) pino e o respectivo quadrante (região da bandeira) que ele foi posicionado pelo **desafiante** em sua placa de madeira, para todos os 4 pinos da pintura em disputa. Portanto, para ser considerado vencedor da disputa o **desafiado** precisa acertar a arrumação de pinos e quadrantes tal e qual o **desafiante** assim a fez, respeitada a regra que foi estabelecida para o jogo: cada quadrante deve ser pintado de uma só cor, e regiões com fronteira comum não podem ser pintadas com a mesma cor.

V. Encaminhamento da disputa, primeira rodada

Há 8 pinos de madeira para cada jogador, disponíveis nas cores Verde (VD), Azul (AZ), Amarelo (AM) e Vermelho (VM), 2 pinos de cada cor. Os 4(quatro) pinos devem ser escolhidos e posicionados obedecendo à condição de cada um dos 4 quadrantes (regiões da bandeira) ser pintado com uma só cor, todas as regiões da bandeira objeto do jogo devem ser pintadas, e regiões com fronteira comum não podem ser pintadas com a mesma cor.

O **desafiante** toma para si 4 dentre os seus 8 pinos - cada pino pintado de uma cor - e escolhe para cada pino o respectivo quadrante da bandeira em que o pino será colocado na placa de madeira - como mostrado nas figuras acima -, sem deixar que o **desafiado** identifique a pintura que fez, respeitada a regra do jogo.

Em seguida, o **desafiante** faz o registro da sua aposta no "Quadro de respostas – Jogo de pinturas de bandeiras com 4 quadrantes" tal qual foi o posicionamento dos seus pinos em sua placa de madeira.

Feito isso, o **desafiante** toma o "Quadro de respostas", vira-o para baixo e o coloca a certa distância dos 2 jogadores, mas visível ao **desafiado**. Tal quadro é desvirado pelo **desafiante** apenas após cada nova aposta ser feita pelo **desafiado**, de modo que possa anotá-la e também ao final do jogo.

Uma vez o **desafiante** sinalizar já ter feito o posicionamento de seus 4 pinos e o respectivo registro no "Quadro de respostas", o **desafiado** faz uso da sua placa de madeira e de seus 4 pinos - cada pino pintado de uma cor - para fazer a sua aposta inicial.

Para tal, posiciona os pinos na sua placa de madeira com a pintura objeto da sua aposta nesta rodada e à vista do **desafiante**, e a entrega para que este faça o confronto entre a aposta e a escolha que fez em relação às posições dos pinos na placa. Tanto o **desafiante** quanto o **desafiado** fazem o mesmo registro da aposta nos seus respectivos "Quadros de respostas".

O **desafiado** deve aguardar a resposta do **desafiante** em relação à sua aposta, a qual será dada por meio da informação de qual opção entre (a), (b), (c), (d) e (e) - conforme a seguir -, se enquadra a aposta que acabou de fazer.

(a) Em nenhuma das 4 regiões e respectivas cores de pinos há coincidência;

(b) Há 1(uma) única coincidência entre região e respectiva cor do pino;

(c) Há apenas 2 coincidências entre regiões e respectivas cores dos pinos;

(d) Há apenas 3 coincidências entre regiões e respectivas cores dos pinos;

(e) 1 (uma) dentre as cores não foi escolhida;

(f) 2 dentre as cores não foi escolhida;

(g) O agrupamento escolhido está correto. Ou seja, é um agrupamento-solução que coincide com o que foi escolhido pelo ***desafiante***. O ***desafiado*** venceu o jogo.

Se a resposta do **desafiante** não foi a opção (g), o jogo continua.

Terminada a primeira rodada ou as demais que possam se suceder até a 5ª rodada, se o ***desafiado*** não obteve êxito em vencer o jogo ele precisa refletir acerca dos resultados que obteve até a rodada anterior e preparar-se para fazer uma nova aposta - que pode, inclusive, ser a sua última chance para vencer o jogo caso seja a 6ª rodada.

VI. Procedimentos para a continuidade do Jogo

Em prosseguimento ao jogo - tanto para a 2ª rodada quanto para as demais rodadas, até a 6ª rodada - o ***desafiado*** faz nova aposta e os mesmos procedimentos feitos quando da primeira rodada devem ser seguidos.

Os registros das apostas, tanto do ***desafiante*** quanto do ***desafiado***, não devem deixar de ser feitos no "Quadro de respostas - Jogo de pinturas de bandeiras com 4 quadrantes". No espaço "Comentários", no "Quadro de respostas", o ***desafiante*** ou o ***desafiado***, um ou outro, pode indicar qualquer informação que julgue adequado fazer.

VII. Final da partida

A partida termina quando o ***desafiado*** acerta a escolha da pintura da bandeira que foi feita pelo ***desafiado***, em qualquer uma das 6 tentativas, e é considerado vencedor. Ou então, o jogo é dado como terminado quando após a conclusão da 6ª (sexta) tentativa do ***desafiado*** em encontrar a pintura correta da bandeira, ele não logrou êxito, sendo considerado perdedor.

Ao final do jogo, em qualquer uma das duas possibilidades de finalização da partida, cabe ao ***desafiante*** e ao ***desafiado*** apresentarem um ao outro a formação das cores escolhidas nas respectivas regiões da bandeira de modo que possam compará-las entre si. Feitas as considerações finais, necessárias entre os dois jogadores, e uma vez confirmado o resultado final cabe ao ***desafiante*** atribuir 1 (um) ponto de bônus para o ***desafiado***, se este foi o vencedor.

Mas, o jogo não se encerra nesse momento. Em seguida, o ***desafiado*** é instado a resolver as 3 questões que acompanham o Jogo, mostradas a seguir, e a entregar as resoluções e o resultado final ao ***desafiante***, de modo que este valide ou não a (s) resposta (s) e atribua 1 (um) ponto para cada resposta correta.

Assim, em cada partida o ***desafiado*** poderá obter o valor máximo de 4 pontos. Ao juiz da partida, o professor, caberá validar ou não a valoração atribuída pelo ***desafiante*** às respostas apresentadas pelo ***desafiado***.

Eis as 3 questões:

- **Questão 1:** Se os quadrantes 1 e 3 da bandeira forem pintados com a mesma cor, quantas possibilidades há para pintar a bandeira?
- **Questão 2:** Quais as possíveis pinturas da bandeira, sabendo que a cor amarela foi usada para pintar a região do 3º quadrante? Indique as respostas por meio de quádruplas, assim: (......, ..., ..., ...).
- **Questão 3:** De quantos modos é possível pintar a bandeira, antes de o jogo iniciar?

Uma vez comparados os resultados finais entre todos os alunos que estiveram na posição de ***desafiado***, será possível identificar o (s) aluno (s) que se sagrou (aram) campeão (ões) neste jogo.

VIII. Penalidade

Se ficar provado pelo juiz da partida, o professor, que o **desafiante** enganou o **desafiado** ao assinalar alguma informação incorreta dentre as possibilidades (a), (b), (c) ou (d) ou atribuiu valoração incorreta a alguma resposta apresentada pelo **desafiado** para as 3 questões do Jogo, o ***d*esafiado** receberá os 4 pontos de prêmio e uma nova partida será disputada pelo **desafiado**, mas agora com um novo **desafiante**.

IX. Explorando algumas possíveis variações do jogo e a proposição de problemas

O Jogo também pode ser disputado entre 2 grupos de jogadores: 1 (um) grupo de jogadores ***desafiantes*** e 1 (um) grupo de jogadores ***desafiados***. Há, também, uma terceira alternativa de disputa: o jogo ser disputado por vários grupos de jogadores ***desafiantes*** e por 1 (um) só jogador ***desafiado***: o professor.

Em relação ao material objeto do jogo, os pinos podem ser substituídos por tampinhas de "garrafa pet" e a placa de madeira pode ser substituída por um pedação de papelão ou parte de uma folha de E.V.A., onde o formato da bandeira é desenhado.

É interessante que os alunos reflitam acerca de possíveis modificações que podem ser feitas nas regras do jogo, notadamente no que se refere aos tipos de respostas que o ***desafiante*** fornece ao ***desafiado*** bem como em relação às 3 questões que são propostas para resolver, quando o formato da bandeira se modifica para uma bandeira com 4 listras horizontais, como mostrado na Figura 24, a seguir:

Figura 24: Formato de uma bandeira para o desenrolar do jogo. Fonte: o autor.

Para explorar ainda mais o conteúdo análise combinatória presente no jogo, o professor pode pedir aos alunos que joguem algumas vezes: 3 ou 4 vezes, pelo menos.

Entretanto, também é recomendável pedir aos alunos que resolvam alguns problemas que tenham relação direta com a temática, a partir do jogo. Além do mais, pedir que os alunos produzam algum registro que mostre o quanto eles aprenderam com o jogo.

Ou ainda, em momento mais adiante, que os alunos produzam novos problemas e novos jogos na mesma linha deste jogo.

1.16 Jogo XV

Jogo "Identificar a pintura de uma bandeira formada por 4 regiões (quadrantes) **numeradas como I, II, III e IV, da esquerda para a direita e de cima para baixo, como mostrado na Figura 25, a seguir. Estão disponíveis 2 conjuntos de 4 (quatro) pinos em cada - cada pino é pintado de uma só cor nas cores verde, azul amarelo e vermelho. Cada conjunto de pinos é utilizado por cada um dos jogadores: o desafiante e o desafiado. Devem ser observadas as seguintes condições: ou todas as regiões são pintadas com cores distintas entre si; ou se admite a possibilidade de repetição de 1 (uma) cor por 2, 3 ou até as 4 regiões da bandeira, ou**

ainda, a possibilidade de haver a repetição de 2 cores pelas 4 regiões da bandeira".

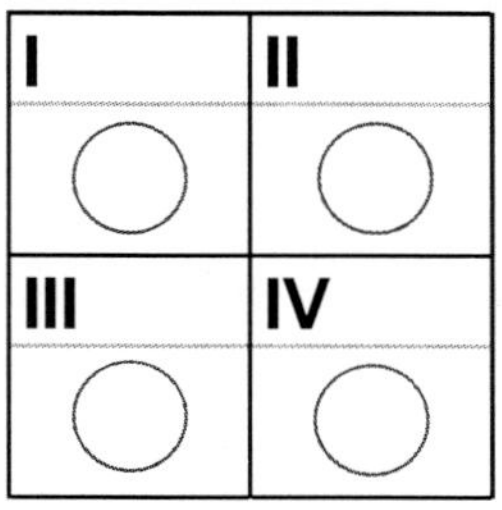

Figura 25: Formato de uma bandeira para o desenrolar do jogo. Fonte: o autor.

I. Material disponível para o Jogo

Os quadrantes da bandeira são numerados como I, II, III e IV, da esquerda para a direita, e de cima para baixo. Estão disponíveis 2 conjuntos de pinos – 16 pinos em cada conjunto, 4 pinos pintados com a mesma cor, dentre as cores verde, azul amarelo e vermelho -, para serem utilizados pelos 2 jogadores: o **desafiante** e o **desafiado**.

Estão disponíveis 2 placas de madeira idênticas, contendo o mesmo formato da bandeira objeto da disputa conforme mostrado nas figuras acima; 2 conjuntos de pinos, cada conjunto contendo 16 pinos coloridos, disponível para cada um dos 2 jogadores.

Cada conjunto contém 4 pinos, pintados com 1 (uma) mesma cor, dentre as cores verde, azul, amarelo e vermelho, e 2 "Quadros de respostas - Jogo de pinturas de bandeiras com 4 quadrantes", como mostrado no Quadro de respostas, Figura 26, a seguir:

Quadro de respostas – Jogo de pinturas de bandeiras com 4 quadrantes

Rodada	APOSTAS	RESPOSTAS	COMENTÁRIOS
1		(a); (b); (c); (d); (e); (f); (g)	
2		(a); (b); (c); (d); (e); (f); (g)	
3		(a); (b); (c); (d); (e); (f); (g)	
4		(a); (b); (c); (d); (e); (f); (g)	
5		(a); (b); (c); (d); (e); (f); (g)	
6		(a); (b); (c); (d); (e); (f); (g)	

Figura 26: Formato de um quadro de respostas para o desenrolar do jogo. Fonte: o autor.

II. Objetivo e considerações sobre o Jogo

O jogo possibilita a competição entre 2 jogadores: o ***desafiante*** e o ***desafiado***. O ***desafiante*** escolhe uma ordenação de cores para os 4 quadrantes de uma bandeira, e o propósito do jogo é que o ***desafiado*** descubra como as cores foram distribuídas pelo ***desafiante*** para pintar as 4 regiões (quadrantes) da bandeira por meio do uso de pinos coloridos.

Uma vez que descubra a correta ordenação das cores é considerado vencedor, e caso contrário é considerado perdedor. As buscas de maneiras para identificar a "pintura da bandeira" antes que cada jogada se concretize são próprias do exercício do raciocínio combinatório.

Recomenda-se que o Jogo seja disputado de modo que cada participante dispute 2 partidas na posição de **desafiante**, e 2 partidas na posição de **desafiado** - exceto se houver razão em contrário.

III. Instruções para o início do Jogo

Tanto o ***desafiante*** quanto o ***desafiado*** devem ler as instruções do jogo para que a disputa seja iniciada.

Inicialmente, o ***desafiante*** posiciona, a seu gosto, 4 dos 16 pinos que estão consigo pelos quadrantes da sua placa de madeira (respectivamente, as regiões da bandeira) de maneira que possa estabelecer a ordenação de cores pelas regiões que compõem o desenho da bandeira com o qual vai competir no jogo, obedecidas as condições estabelecidas na regra do jogo para a distribuição das cores pelos quadrantes.

O ***desafiante*** deve tomar cuidado par não deixar que o ***desafiado*** veja a arrumação que fez. Além do mais, é conveniente que esconda todos os pinos que não foram utilizados, pois se os deixar à vista do ***desafiado*** este poderá intuir sobre as peças que fez uso e, possivelmente, lograr alguma vantagem nas suas apostas.

Uma vez que tenha concluído a arrumação dos pinos na sua placa de madeira, o ***desafiante*** deve escrever as letras iniciais das cores no espaço do desenho da bandeira presente no "Quadro de Respostas - Jogos de pinturas de bandeiras com 4 quadrantes", na ficha que está em seu poder.

Em seguida, o ***desafiante*** avisa ao ***desafiado*** que concluiu a pintura objeto da disputa do jogo, a arrumação dos seus pinos, coloca a placa de madeira sobre as suas pernas e avisa ao ***desafiado*** que o jogo pode ser iniciado.

IV. A disputa

As apostas, até o máximo de 6, são feitas por meio de tentativas (jogadas) do **desafiado** com o propósito de acertar a exata pintura da bandeira escolhida pelo **desafiante**, para a disputa do jogo. Ou seja, a disputa consiste em o **desafiado** descobrir a cor de 1 (um) pino e o respectivo quadrante (região da bandeira) que ele foi posicionado pelo **desafiante** em sua placa de madeira, para todos os 4 pinos da pintura em disputa.

Portanto, para ser considerado vencedor da disputa, o **desafiado** precisa acertar a arrumação de pinos e quadrantes tal e qual o **desafiante** assim a fez, respeitada a regra que foi estabelecida para o jogo: cada quadrante deve ser pintado de uma só cor, e regiões com fronteira comum não podem ser pintadas com a mesma cor.

V. Encaminhamento da disputa, primeira rodada

Há 16 pinos de madeira para cada jogador, disponíveis nas cores Verde (VD), Azul (AZ), Amarelo (AM) e Vermelho (VM), 4 pinos de cada cor.

Os 4 pinos que serão colocados na placa de madeira - tanto pelo **desafiante** quanto pelo **desafiado** - devem ser escolhidos e posicionados obedecendo à condição de cada quadrante (região da bandeira) ser pintado com 1 (uma) só cor, todas as regiões da bandeira objeto do jogo devem ser pintadas e respeitadas as regras do jogo.

O **desafiante** toma para si 4 dentre os seus 16 pinos - cada pino pintado de uma cor - e escolhe, para cada pino, o respectivo quadrante da bandeira em que o pino será colocado na placa de madeira - como mostrado nas figuras -, sem deixar que o **desafiado** identifique a pintura que fez, respeitadas as regras do jogo.

Em seguida, o **desafiante** faz o registro da sua aposta no "Quadro de respostas – Jogo de pinturas de bandeiras com 4 quadrantes" tal qual foi o posicionamento dos seus pinos em sua placa de madeira.

Feito isso, o **desafiante** toma o "Quadro de respostas", vira-o para baixo e o coloca a certa distância dos 2 jogadores, mas visível ao **desafiado.** Tal quadro é desvirado pelo **desafiante** apenas após cada nova aposta ser feita pelo **desafiado**, de modo que possa anotá-la e também ao final do jogo.

Uma vez o **desafiante** sinalizar já ter feito o posicionamento de seus 4 pinos e o respectivo registro no "Quadro de respostas", o **desafiado** faz uso da sua placa de madeira e de seus 4 pinos - cada pino pintado de uma cor - para fazer a sua aposta inicial.

Para tal, posiciona os pinos na sua placa de madeira com a pintura objeto da sua aposta nesta rodada e à vista do **desafiante**, e a entrega para que este faça o confronto entre a aposta e a escolha que fez em relação às posições dos pinos na placa.

Tanto o **desafiante** quanto o **desafiado** fazem o mesmo registro da aposta nos seus respectivos "Quadros de respostas". O **desafiado** deve aguardar a resposta do **desafiante** em relação à sua aposta, a qual será dada por meio da informação de qual opção entre (a), (b), (c), (d), (e), (f) ou (g) - conforme a seguir -, se enquadra a aposta que acabou de fazer.

(a) Em nenhuma das 4 regiões e respectivas cores de pinos há coincidência;

(b) Há 1 (uma) única coincidência entre região e respectiva cor do pino;

(c) Há apenas 2 coincidências entre regiões e respectivas cores dos pinos;

(d) Há apenas 3 coincidências entre regiões e respectivas cores dos pinos;

(e) A cor escolhida não coincide;

(f) as cores escolhidas não coincidem;

(g) O agrupamento escolhido está correto. Ou seja, é um agrupamento-solução que coincide com o que foi escolhido pelo ***desafiante***. O ***desafiado*** venceu o jogo.

Se a resposta do **desafiante** não foi a opção (g), o jogo continua.

Terminada a primeira rodada ou as demais que possam se suceder até a 5ª rodada, se o ***desafiado*** não obteve êxito em vencer o jogo ele precisa refletir acerca dos resultados que obteve até a rodada anterior e preparar-se para fazer uma nova aposta - que pode, inclusive, ser a sua última chance para vencer o jogo, caso seja a 6ª rodada.

VI. Procedimentos para a continuidade do Jogo

Em prosseguimento ao jogo - tanto para a 2ª rodada quanto para as demais rodadas, até a 6ª rodada - o ***desafiado*** faz nova aposta e os mesmos procedimentos feitos quando da primeira rodada devem ser seguidos. Os registros das apostas, tanto do ***desafiante*** quanto do ***desafiado***, não devem deixar de ser feitos no "Quadro de respostas - Jogo de pinturas de bandeiras com 4 quadrantes".

No espaço "Comentários", no "Quadro de respostas", o ***desafiante*** ou o ***desafiado***, um ou outro, pode indicar qualquer informação que julgue adequado fazer.

VII. Final da partida

A partida termina quando o ***desafiado*** acerta a escolha da pintura da bandeira que foi feita pelo ***desafiado***, em qualquer uma das 6 tentativas, e é considerado vencedor. Ou então, o jogo é dado como terminado quando após a conclusão da 6ª (sexta) tentativa do ***desafiado*** em encontrar a pintura correta da bandeira, ele não logrou êxito, sendo considerado perdedor.

Ao final do jogo, em qualquer uma das duas possibilidades de finalização da partida, cabe ao ***desafiante*** e ao ***desafiado*** apresentarem um ao outro a formação das cores escolhidas nas respectivas regiões da bandeira de maneira que possa compará-las entre si.

Feitas as considerações finais necessárias entre os dois jogadores e uma vez confirmado o resultado final, cabe ao ***desafiante*** atribuir 1 (um) ponto de bônus para o ***desafiado***, se este foi o vencedor.

Mas, o jogo não se encerra nesse momento. Em seguida, o ***desafiado*** é instado a resolver as 3 questões que acompanham o Jogo, mostradas a seguir, e a entregar as resoluções e o resultado final ao ***desafiante***, de modo que este valide ou não a (s) resposta (s) e atribua 1 (um) ponto para cada resposta correta.

Assim, em cada partida o ***desafiado*** poderá obter o valor máximo de 4 pontos. Ao juiz da partida, o professor, caberá validar ou não a valoração atribuída pelo ***desafiante*** às respostas apresentadas pelo ***desafiado***.

Eis as 3 questões:

- **Questão 1:** Considere a disponibilidade de pinos de cores amarela, verde, azul e vermelha, 4 pinos de cada cor. De quantos modos é possível pintar uma bandeira com o mesmo formato da bandeira objeto deste jogo, considerando que a cor verde deve ser usada para pintar as regiões do 1º e do 2º quadrante, e os 2 outros quadrantes devem ser pintados com cores distintas?
- **Questão 2:** Considere a disponibilidade de pinos de cores amarela, verde, azul e vermelha, 4 pinos de cada cor. De quantos modos é possível pintar uma bandeira com o mesmo formato da bandeira objeto deste jogo, considerando que ao menos 3 dos 4 quadrantes devem ser pintados com uma mesma cor?
- **Questão 3:** Considere a disponibilidade de pinos de cores amarela, verde, azul e vermelha, 4 pinos de cada cor. De quantos modos é possível pintar uma bandeira com o mesmo formato da bandeira objeto deste jogo, antes que o jogo se inicie?

Uma vez comparados os resultados finais entre todos os alunos que estiveram na posição de ***desafiado*** será possível identificar o (s) aluno (s) que se sagrou (aram) campeão (ões) neste jogo.

VIII. Penalidade

Se ficar provado pelo juiz da partida, o professor, que o **desafiante** enganou o **desafiado** ao assinalar alguma informação incorreta dentre as possibilidades (a), (b), (c) ou (d) ou atribuiu valoração incorreta a alguma resposta apresentada pelo **desafiado** para as 3 questões do Jogo, o ***desafiado*** receberá os 4 pontos de prêmio e uma nova partida será disputada pelo **desafiado**, mas agora com um novo **desafiante**.

IX. Explorando algumas possíveis variações do jogo e a proposição de problemas

O Jogo também pode ser disputado entre 2 grupos de jogadores: 1 (um) grupo de jogadores ***desafiantes*** e 1 (um) grupo de jogadores ***desafiados***.

Há também uma terceira alternativa de disputa: o jogo ser disputado por vários grupos de jogadores ***desafiantes*** e por 1 (um) só jogador ***desafiado***: o professor.

Em relação ao material objeto do jogo, os pinos podem ser substituídos por tampinhas de "garrafa pet" e a placa de madeira pode ser substituída por um pedação de papelão ou parte de uma folha de E.V.A., onde o formato da bandeira é desenhado.

É interessante que os alunos reflitam acerca de possíveis modificações que podem ser feitas nas regras do jogo, notadamente no que se refere aos tipos de respostas que o ***desafiante*** fornece ao ***desafiado***, bem como em relação às 3 questões que são propostas para resolver quando o formato da bandeira se modifica para uma bandeira com 4 listras horizontais, como mostrado na Figura 27, a seguir.

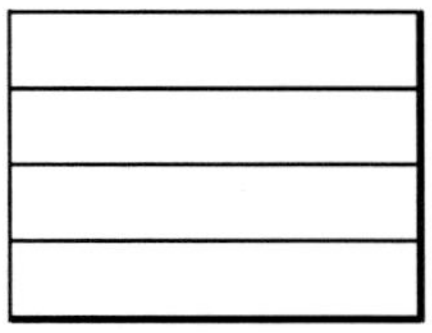

Figura 27: Formato de uma bandeira para o desenrolar do jogo. Fonte: o autor.

Para explorar ainda mais o conteúdo análise combinatória presente no jogo, o professor pode pedir aos alunos que joguem algumas vezes: 3 ou 4 vezes, pelo menos.

Entretanto, também é recomendável pedir aos alunos que resolvam alguns problemas que tenham relação direta com a temática, a partir do jogo.

Além do mais, é recomendável pedir aos alunos que eles produzam algum registro que mostre o quanto aprenderam com o jogo. Ou ainda, em um momento mais adiante pedir que os alunos produzam novos problemas e novos jogos na mesma linha deste jogo.

1.17 Jogo XVI

Jogo "Identificar a pintura de uma bandeira formada por 4 regiões (quadrantes) **numerados como I, II, III e IV, da esquerda para a direita e de cima para baixo, como mostrado na Figura 28, a seguir. Devem ser observadas as seguintes condições:** ***apenas se admite as pinturas de bandeiras em que há pelo menos 1 (uma) dentre as cores amarela, azul, vermelha e verde em repetição (a*** **repetição de 1 (uma) cor por 2, 3 ou até as 4 regiões da bandeira) ou se admite a possibilidade de haver a repetição de 2 (duas) cores pelas 4 regiões da bandeira".**

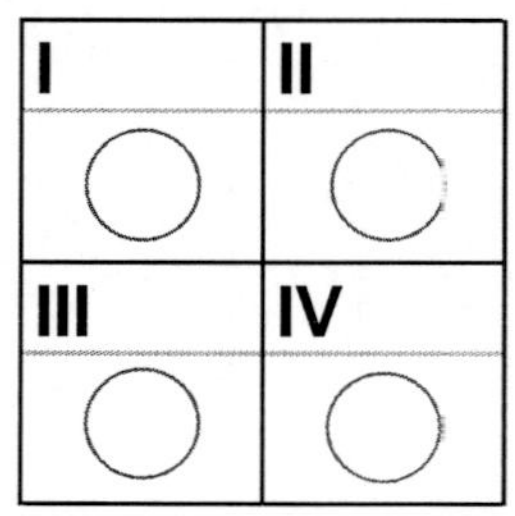

Figura 28: Formato de uma bandeira para o desenrolar do jogo. Fonte: o autor.

I. Material disponível para o Jogo

Os quadrantes da bandeira são numerados como I, II, III e IV, da esquerda para a direita, e de cima para baixo. Estão disponíveis 2 conjuntos de pinos – 16 pinos em cada conjunto, cada 4 pinos pintados com a mesma cor dentre as cores verde, azul amarelo e vermelho -, para serem utilizados pelos 2 jogadores: o **desafiante** e o **desafiado**.

Estão disponíveis 2 placas de madeira idênticas contendo o mesmo formato da bandeira que é objeto da disputa, conforme mostrado na Figura 28, acima; 2 conjuntos de pinos, cada conjunto contendo 16 pinos coloridos, disponível para cada um dos 2 jogadores. Cada conjunto contém 4 pinos, pintados com 1 (uma) mesma cor, dentre as cores verde, azul, amarelo e vermelho, e 2 "Quadros de respostas - Jogo de pinturas de bandeiras com 4 quadrantes", como mostrado no Quadro de respostas, Figura 29, a seguir:

Quadro de respostas – Jogo de pinturas de bandeiras com 4 quadrantes

Rodada	APOSTAS	RESPOSTAS	COMENTÁRIOS
1		(a); (b); (c); (d); (e); (f); (g)	
2		(a); (b); (c); (d); (e); (f); (g)	
3		(a); (b); (c); (d); (e); (f); (g)	
4		(a); (b); (c); (d); (e); (f); (g)	
5		(a); (b); (c); (d); (e); (f); (g)	
6		(a); (b); (c); (d); (e); (f); (g)	

Figura 29: Formato de um quadro de respostas para o desenrolar do jogo. Fonte: o autor.

II. Objetivo e considerações sobre o Jogo

O jogo possibilita a competição entre 2 jogadores: o ***desafiante*** e o ***desafiado***.

O ***desafiante*** escolhe uma ordenação de cores para os 4 quadrantes de uma bandeira, e o propósito do jogo é que o ***desafiado*** descubra como as cores foram distribuídas pelo ***desafiante*** para pintar as 4 regiões (quadrantes) da bandeira por meio do uso de pinos coloridos.

Uma vez que descubra a correta ordenação das cores é considerado vencedor, e caso contrário, é considerado perdedor. As buscas de maneiras para identificar a "pintura da bandeira" antes que cada jogada se concretize são próprias do exercício do raciocínio combinatório.

Recomenda-se que o Jogo seja disputado de modo que cada participante dispute 2 partidas na posição de **desafiante**, e 2 partidas na posição de **desafiado** - exceto se houver razão em contrário.

III. Instruções para o início do Jogo

Tanto o ***desafiante*** quanto o ***desafiado*** devem ler as instruções do jogo para que a disputa seja iniciada.

Inicialmente, o ***desafiante*** posiciona, a seu gosto, 4 dos 16 pinos que estão consigo pelos quadrantes da sua placa de madeira (respectivamente, as regiões da bandeira) de maneira que possa estabelecer a ordenação de cores pelas regiões que compõem o desenho da bandeira com o qual vai competir no jogo, obedecidas as condições estabelecidas na regra do jogo para a distribuição das cores pelos quadrantes.

O ***desafiante*** deve tomar cuidado para não deixar que o ***desafiante*** veja a arrumação que fez. Além do mais, é conveniente que esconda todos os pinos que não foram utilizados, pois se os deixar à vista do ***desafiado*** este poderá intuir sobre as peças que fez uso e, possivelmente, lograr alguma vantagem nas suas apostas.

Uma vez que tenha concluído a arrumação dos pinos na sua placa de madeira, o ***desafiante*** deve escrever as letras iniciais das cores no espaço do desenho da bandeira presente no "Quadro de Respostas - Jogos de pinturas de bandeiras com 4 quadrantes", na ficha que está em seu poder.

Em seguida, o ***desafiante*** avisa ao ***desafiado*** que concluiu a pintura objeto da disputa do jogo, a arrumação dos seus pinos, coloca a placa de madeira sobre as suas pernas e avisa ao ***desafiado*** que o jogo pode ser iniciado.

IV. A disputa

As apostas, até o máximo de 6, são feitas por meio de tentativas (jogadas) do **desafiado** com o propósito de acertar a exata pintura da bandeira escolhida pelo **desafiante**, para a disputa do jogo.

Ou seja, a disputa consiste em o **desafiado** descobrir a cor de 1(um) pino e o respectivo quadrante (região da bandeira) que ele foi posicionado pelo **desafiante** em sua placa de madeira, para todos os 4 pinos da pintura em disputa.

Portanto, para ser considerado vencedor da disputa o **desafiado** precisa acertar a arrumação de pinos e quadrantes tal e qual o **desafiante** assim a fez, respeitada a regra que foi estabelecida para o jogo: cada quadrante deve ser pintado de uma só cor, e regiões com fronteira comum não podem ser pintadas com a mesma cor.

V. Encaminhamento da disputa, primeira rodada

Há 16 pinos de madeira para cada jogador, disponíveis nas cores Verde (VD), Azul (AZ), Amarelo (AM) e Vermelho (VM), 4 pinos de cada cor. Os 4 pinos que serão colocados na placa de madeira - tanto pelo **desafiante** quanto pelo **desafiado** - devem ser escolhidos e posicionados obedecendo à condição de cada quadrante (região da bandeira) ser pintado com 1 (uma) só cor, todas as regiões da bandeira objeto do jogo devem ser pintadas e respeitadas as regras do jogo.

O **desafiante** toma para si 4 dentre os seus 16 pinos - cada pino pintado de uma cor - e escolhe, para cada pino, o respectivo quadrante da bandeira em que o pino será colocado na placa de madeira - como mostrado nas figuras acima -, sem deixar que o **desafiado** identifique a pintura que fez, respeitadas as regras do jogo.

Em seguida, o **desafiante** faz o registro da sua aposta no "Quadro de respostas – Jogo de pinturas de bandeiras com 4 quadrantes" tal qual foi o posicionamento dos seus pinos em sua placa de madeira.

Feito isso, o **desafiante** toma o "Quadro de respostas", vira-o para baixo e o coloca a certa distância dos 2 jogadores, mas visível ao **desafiado**. Tal quadro é desvirado pelo **desafiante** apenas após cada nova aposta ser feita pelo **desafiado**, de modo que possa anotá-la e também ao final do jogo.

Uma vez o **desafiante** sinalizar já ter feito o posicionamento de seus 4 pinos e o respectivo registro no "Quadro de respostas", o **desafiado** faz uso da sua placa de madeira e de seus 4 pinos - cada pino pintado de uma cor - para fazer a sua aposta inicial.

Para tal, posiciona os pinos na sua placa de madeira com a pintura objeto da sua aposta nesta rodada e à vista do **desafiante**, e a entrega para que este faça o confronto entre a aposta e a escolha que fez em relação às posições dos pinos na placa.

Tanto o **desafiante** quanto o **desafiado** fazem o mesmo registro da aposta nos seus respectivos "Quadros de respostas".

O **desafiado** deve aguardar a resposta do **desafiante** em relação à sua aposta, a qual será dada por meio da informação de qual opção entre (a), (b), (c), (d), (e), (f), (g) e (h) - conforme a seguir -, se enquadra a aposta que acabou de fazer.

A cor indicada não foi escolhida;

1 (uma) dentre as 2 cores indicadas não foi a escolhida;

Nenhuma dentre as 2 cores indicadas foi escolhida;

Nenhuma das 4 regiões e respectivas cores coincide;

Há 1 (uma) única coincidência entre região e respectiva cor;

Há 2 coincidências entre região e respectiva cor;

Há 3 coincidências entre região e respectiva cor;

O agrupamento escolhido está correto, ou seja, é um agrupamento-solução que coincide.

Se a resposta do **desafiante** não foi a opção (h), o jogo continua.

Terminada a primeira rodada ou as demais que possam se suceder até a 5ª rodada, se o ***desafiado*** não obteve êxito em vencer o jogo ele precisa refletir acerca dos resultados que obteve até a rodada anterior e preparar-se para fazer uma nova aposta - que pode, inclusive, ser a sua última chance para vencer o jogo caso seja a 6ª rodada.

VI. Procedimentos para a continuidade do Jogo

Em prosseguimento ao jogo - tanto para a 2ª rodada quanto para as demais rodadas, até a 6ª rodada - o ***desafiado*** faz nova aposta e os mesmos procedimentos feitos quando da primeira rodada devem ser seguidos.

Os registros das apostas, tanto do ***desafiante*** quanto do ***desafiado***, não devem deixar de ser feitos no "Quadro de respostas - Jogo de pinturas de bandeiras com 4 quadrantes". No espaço "Comentários", no "Quadro de respostas", o ***desafiante*** ou o ***desafiado***, um ou outro, pode indicar qualquer informação que julgue adequado fazer.

VII. Final da partida

A partida termina quando o ***desafiado*** acerta a escolha da pintura da bandeira que foi feita pelo ***desafiado***, em qualquer uma das 6 tentativas, e é considerado vencedor.

Ou então, o jogo é dado como terminado quando após a conclusão da 6ª (sexta) tentativa do ***desafiado*** em encontrar a pintura correta da bandeira, ele não logrou êxito, sendo considerado perdedor.

Ao final do jogo, em qualquer uma das duas possibilidades de finalização da partida, cabe ao ***desafiante*** e ao ***desafiado*** apresentarem um ao outro a formação das cores escolhidas nas respectivas regiões da bandeira de maneira que possa compará-las entre si.

Feitas as considerações finais necessárias entre os dois jogadores e uma vez confirmado o resultado final cabe ao ***desafiante*** atribuir 1 (um) ponto de bônus para o ***desafiado***, se este foi vencedor.

Mas, o jogo não se encerra nesse momento.

Em seguida, o ***desafiado*** é instado a resolver as 3 questões que acompanham o Jogo, mostradas a seguir, e a entregar as resoluções e o resultado final ao ***desafiante***, de modo que este valide ou não a (s) resposta (s) e atribua 1 (um) ponto para cada resposta correta.

Assim, em cada partida o ***desafiado*** poderá obter o valor máximo de 4 pontos. Ao juiz da partida, o professor, caberá validar ou não a valoração atribuída pelo ***desafiante*** às respostas apresentadas pelo ***desafiado***.

Eis as 3 questões:

- **Questão 1:** Considere a disponibilidade de pinos de cores amarela, verde, azul e vermelha, 4 pinos de cada cor. Se os quadrantes 1 e 3 de uma bandeira com o mesmo formato da bandeira objeto deste jogo forem pintados com uma mesma cor, quantas possibilidades há para pintar toda essa bandeira?
- **Questão 2:** Considere a disponibilidade de pinos de cores amarela, verde, azul e vermelha, 4 pinos de cada cor. Quantas possibilidades há para fazer as pinturas de uma bandeira com o mesmo formato da bandeira objeto deste jogo, sabendo que a cor amarela foi usada para pintar a região do 3° quadrante?
- **Questão 3:** Considere a disponibilidade de pinos de cores amarela, verde, azul e vermelha, 4 pinos de cada cor. De quantos modos é possível pintar uma bandeira com o mesmo formato da bandeira objeto deste jogo, antes de o jogo iniciar?

Uma vez comparados os resultados finais entre todos os alunos que estiveram na posição de ***desafiado*** será possível identificar o (s) aluno (s) que se sagrou (aram) campeão (ões) neste jogo.

VIII. Penalidade

Se ficar provado pelo juiz da partida, o professor, que o **desafiante** enganou o **desafiado** ao assinalar alguma informação incorreta dentre as possibilidades (a), (b), (c) ou (d) ou atribuiu valoração incorreta a alguma resposta apresentada pelo **desafiado** para as 3 questões do Jogo, o **desafiado** receberá os 4 pontos de prêmio e uma nova partida será disputada pelo **desafiado**, mas agora com um novo **desafiante**.

IX. Explorando algumas possíveis variações do jogo e a proposição de problemas

O Jogo também pode ser disputado entre 2 grupos de jogadores: 1 (um) grupo de jogadores ***desafiantes*** e 1 (um) grupo de jogadores ***desafiados***.

Há também uma terceira alternativa de disputa: o jogo ser disputado por vários grupos de jogadores ***desafiantes*** e por 1 (um) só jogador ***desafiado***: o professor.

Em relação ao material objeto do jogo, os pinos podem ser substituídos por tampinhas de "garrafa pet" e a placa de madeira pode ser substituída por um pedação de papelão ou parte de uma folha de E.V.A. onde o formato da bandeira é desenhado.

É interessante que os alunos reflitam acerca de possíveis modificações que podem ser feitas nas regras do jogo, notadamente no que se refere aos tipos de respostas que o ***desafiante*** fornece ao ***desafiado***, bem como em relação às 3 questões que são propostas para resolver quando o formato da bandeira se modifica para uma bandeira com 4 listras horizontais, como mostrado na Figura 30, a seguir.

Figura 30: Formato de uma bandeira para o desenrolar do jogo. Fonte: o autor.

Para explorar ainda mais o conteúdo análise combinatória presente no jogo, o professor pode pedir aos alunos que joguem algumas vezes: 3 ou 4 vezes, pelo menos.

Entretanto, também é recomendável pedir aos alunos que resolvam alguns problemas que tenham relação direta com a temática, a partir do jogo.

Além do mais, é recomendável pedir aos alunos que produzam algum registro que mostre o quanto eles aprenderam com o jogo.

Ou ainda, em momento mais adiante, o professor pedir aos alunos para que eles produzam novos problemas e novos jogos, na mesma linha deste jogo.

1.18 Jogo XVII

Jogo "Identificar a pintura de uma bandeira formada por 4 regiões (quadrantes **numerados como I, II, III e IV, da esquerda para a direita e de cima para baixo, como mostrado nas figuras a seguir. Devem ser observadas as seguintes condições:** ***apenas se admite as pinturas de bandeiras em que não há repetição de cores entre si, pelas 4 regiões da bandeira. Estão disponíveis as cores amarela (AM), azul (AZ), vermelha (VM), verde (VD) e preta (PR)".***

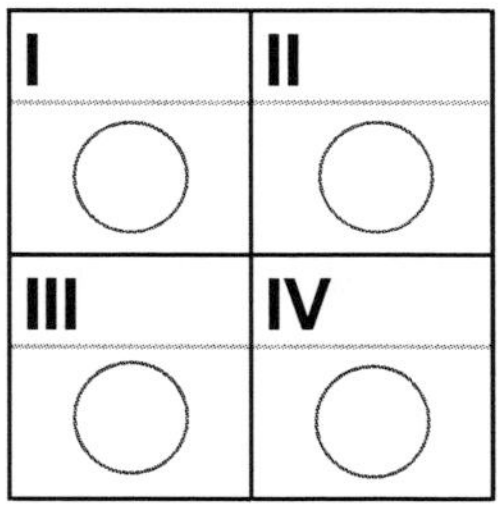

Figura 31: Formato de uma bandeira para o desenrolar do jogo. Fonte: o autor.

I. Material disponível para o Jogo

Os quadrantes da bandeira são numerados como I, II, III e IV, da esquerda para a direita, e de cima para baixo. Estão disponíveis 2 conjuntos de pinos – 5 pinos em cada conjunto, cada pino pintado com uma só cor, dentre as cores verde, azul amarela, vermelha e preta -, para serem utilizados pelos 2 jogadores: o **desafiante** e o **desafiado**.

Estão disponíveis 2 placas de madeira idênticas, contendo o mesmo formato da bandeira objeto da disputa, conforme mostrado nas figuras acima; 2 conjuntos de pinos, cada conjunto contendo 5 pinos coloridos, disponível para cada um dos 2 jogadores. Cada conjunto contém 5 pinos, cada pino pintado com 1 (uma) só cor, escolhida dentre as cores verde, azul, amarela, vermelha e preta, e 2 "Quadros de respostas - Jogo de pinturas de bandeiras com 4 quadrantes", como mostrado no Quadro de respostas, Figura 32, abaixo.

Quadro de respostas – Jogo de pinturas de bandeiras com 4 quadrantes

Rodada	APOSTAS	RESPOSTAS	COMENTÁRIOS
1		(a); (b); (c); (d); (e); (f); (g)	
2		(a); (b); (c); (d); (e); (f); (g)	
3		(a); (b); (c); (d); (e); (f); (g)	
4		(a); (b); (c); (d); (e); (f); (g)	
5		(a); (b); (c); (d); (e); (f); (g)	
6		(a); (b); (c); (d); (e); (f); (g)	

Figura 32: Formato de um quadro de respostas para o desenrolar do jogo. Fonte: o autor.

II. Objetivo e considerações sobre o Jogo

O jogo possibilita a competição entre 2 jogadores: o ***desafiante*** e o ***desafiado***. O ***desafiante*** escolhe uma ordenação de cores para os 4 quadrantes de uma bandeira, e o propósito do jogo é que o ***desafiado*** descubra como as cores foram distribuídas pelo ***desafiante*** para pintar as 4 regiões (quadrantes) da bandeira por meio do uso de pinos coloridos.

Uma vez que descubra a correta ordenação das cores é considerado vencedor, e caso contrário é considerado perdedor. As buscas de maneiras para identificar a "pintura da bandeira" antes que cada jogada se concretize são próprias do exercício do raciocínio combinatório.

Recomenda-se que o Jogo seja disputado de modo que cada participante dispute 2 partidas na posição de **desafiante**, e 2 partidas na posição de **desafiado** - exceto se houver razão em contrário.

III. Instruções para o início do Jogo

Tanto o ***desafiante*** quanto o ***desafiado*** devem ler as instruções do jogo para que a disputa seja iniciada.

Inicialmente, o ***desafiante*** posiciona, a seu gosto, 4 dos 5 pinos que estão consigo pelos quadrantes da sua placa de madeira (respectivamente, as regiões da bandeira) de maneira que possa estabelecer a ordenação de cores pelas regiões que compõem o desenho da bandeira com o qual vai competir no jogo, obedecidas as condições estabelecidas na regra do jogo para a distribuição das cores pelos quadrantes.

O ***desafiante*** deve tomar cuidado para não deixar que o ***desafiante*** veja a arrumação que fez. Além do mais, é conveniente que esconda todos os pinos que não foram utilizados, pois se os deixar à vista do ***desafiado*** este poderá intuir sobre as peças que fez uso e, possivelmente, lograr alguma vantagem nas suas apostas.

Uma vez que tenha concluído a arrumação dos pinos na sua placa de madeira, o ***desafiante*** deve escrever as letras iniciais das cores no espaço do desenho da bandeira presente no "Quadro de Respostas - Jogos de pinturas de bandeiras com 4 quadrantes", na ficha que está em seu poder.

Em seguida, o ***desafiante*** avisa ao ***desafiado*** que concluiu a pintura objeto da disputa do jogo, a arrumação dos seus pinos, coloca a placa de madeira sobre as suas pernas e avisa ao ***desafiado*** que o jogo pode ser iniciado.

IV. A disputa

As apostas, até o máximo de 6, são feitas por meio de tentativas (jogadas) do **desafiado** com o propósito de acertar a exata pintura da bandeira escolhida pelo **desafiante**, para a disputa do jogo.

Ou seja, a disputa consiste em o **desafiado** descobrir a cor de 1(um) pino e o respectivo quadrante (região da bandeira) que ele foi posicionado pelo **desafiante** em sua placa de madeira, para todos os 4 pinos da pintura em disputa.

Portanto, para ser considerado vencedor da disputa, o **desafiado** precisa acertar a arrumação de pinos e quadrantes tal qual o **desafiante** assim o fez, respeitada a regra que foi estabelecida para o jogo: cada quadrante deve ser pintado de uma só cor, e todas as regiões da bandeira pintadas com cores distintas entre si.

V. Encaminhamento da disputa, primeira rodada

Há 5 pinos de madeira para cada jogador, disponíveis nas cores Verde (VD), Azul (AZ), Amarela (AM), Vermelha (VM) e Preta (PR). Os 4 pinos que serão colocados na placa de madeira - tanto pelo **desafiante** quanto pelo **desafiado** - devem ser escolhidos e posicionados obedecendo à condição de cada quadrante (região da bandeira) ser pintado com 1 (uma) só cor, todas as regiões da bandeira objeto do jogo devem ser pintadas e todas as regiões da bandeira têm de ser pintadas com cores distintas entre si.

O **desafiante** toma para si 4 dentre os seus 5 pinos - cada pino pintado de uma cor - e escolhe, para cada pino, o respectivo quadrante da bandeira em que o pino será colocado na placa de madeira - como mostrado nas figuras acima -, sem deixar que o **desafiado** identifique a pintura que fez, respeitadas as regras do jogo.

Em seguida, o **desafiante** faz o registro da sua aposta no "Quadro de respostas – Jogo de pinturas de bandeiras com 4 quadrantes" tal qual foi o posicionamento dos seus pinos em sua placa de madeira.

Feito isso, o **desafiante** toma o "Quadro de respostas", vira-o para baixo e o coloca a certa distância dos 2 jogadores, mas visível ao **desafiado**. Tal quadro é desvirado pelo **desafiante** apenas após cada nova aposta ser feita pelo **desafiado**, de modo que possa anotá-la e também ao final do jogo.

Uma vez o **desafiante** sinalizar já ter feito o posicionamento de seus 4 pinos e o respectivo registro no "Quadro de respostas", o **desafiado** faz uso da sua placa de madeira e de seus 4 pinos - cada pino pintado de uma cor - para fazer a sua aposta inicial.

Para tal, posiciona os pinos na sua placa de madeira com a pintura objeto da sua aposta nesta rodada e à vista do **desafiante**, e a entrega para que este faça o confronto entre a aposta e a escolha que fez em relação às posições dos pinos na placa.

Tanto o **desafiante** quanto o **desafiado** fazem o mesmo registro da aposta nos seus respectivos "Quadros de respostas". O **desafiado** deve aguardar a resposta do **desafiante** em relação à sua aposta, a qual será dada por meio da informação de qual opção entre (a), (b), (c), (d) e (e) - conforme a seguir -, se enquadra a aposta que acabou de fazer.

Entretanto, salientamos que se a opção (a) se aplicar à aposta feita já na primeira rodada do jogo esta opção deve ser apontada de imediato, em detrimento a alguma outra opção que também se aplique.

(a) 1 (uma) dentre as cores indicadas não foi escolhida;

(b) Nenhuma das 4 regiões e respectivas cores coincide;

(c) Há 1 (uma) única coincidência entre região e respectiva cor;

(d) Há 2 coincidências entre região e respectiva cor;

(e) O agrupamento escolhido está correto, ou seja, é um agrupamento-solução que coincide.

Se a resposta do **desafiante** não foi a opção (e), o jogo continua.

Terminada a primeira rodada ou as demais que possam se suceder até a 5ª rodada, se o ***desafiado*** não obteve êxito em vencer o jogo ele precisa refletir acerca dos resultados que obteve até a rodada anterior e preparar-se para fazer uma nova aposta - que pode, inclusive, ser a sua última chance para vencer o jogo caso seja a 6ª rodada.

VI. Procedimentos para a continuidade do Jogo

Em prosseguimento ao jogo - tanto para a 2ª rodada quanto para as demais rodadas, até a 6ª rodada - o ***desafiado*** faz nova aposta e os mesmos procedimentos feitos quando da primeira rodada devem ser seguidos. Os registros das apostas, tanto do ***desafiante*** quanto do ***desafiado***, não devem deixar de ser feitos no "Quadro de respostas - Jogo de pinturas de bandeiras com 4 quadrantes".

No espaço "Comentários", no "Quadro de respostas", o ***desafiante*** ou o ***desafiado***, um ou outro, pode indicar qualquer informação que julgue adequado fazer.

VII. Final da partida

A partida termina quando o ***desafiado*** acerta a escolha da pintura da bandeira que foi feita pelo ***desafiado***, em qualquer uma das 6 tentativas, e é considerado vencedor. Ou então, o jogo é dado como terminado quando após a conclusão da 6ª (sexta) tentativa do ***desafiado*** em encontrar a pintura correta da bandeira ele não logrou êxito, sendo considerado perdedor.

Ao final do jogo - em qualquer uma das duas possibilidades de finalização da partida - cabe ao ***desafiante*** e ao ***desafiado*** apresentarem um ao outro a formação das cores escolhidas nas respectivas regiões da bandeira de maneira que possa compará-las entre si.

Feitas as considerações finais necessárias entre os dois jogadores e uma vez confirmado o resultado final cabe ao ***desafiante*** atribuir 1 (um) ponto de bônus para o ***desafiado***, se este foi o vencedor. Mas, o jogo não se encerra nesse momento.

Em seguida, o ***desafiado*** é instado a resolver as 3 questões que acompanham o Jogo, mostradas a seguir, e a entregar as resoluções e o resultado final ao ***desafiante*** de modo que este valide ou não a (s) resposta (s) e atribua 1 (um) ponto para cada resposta correta.

Assim, em cada partida o ***desafiado*** poderá obter o valor máximo de 4 pontos. Ao juiz da partida, o professor, caberá validar ou não a valoração atribuída pelo ***desafiante*** às respostas apresentadas pelo ***desafiado***.

Eis as 3 questões:

- **Questão 1:** Considere a disponibilidade de pinos de cores amarela, verde, azul, vermelha e preta, 1 (um) pino de cada cor. Se o quadrante II foi pintado com a cor verde e a cor vermelha não foi utilizada para fazer as pinturas de uma bandeira com o mesmo formato da bandeira objeto deste jogo, quantas possibilidades há para pintar essa bandeira?
- **Questão 2:** Considere a disponibilidade de pinos de cores amarela, verde, azul, vermelha e preta, 1 (um) pino de cada cor. Se o quadrante II foi pintado com a cor verde e o quadrante III foi pintado com a cor azul em uma bandeira com o mesmo formato da bandeira objeto deste jogo, quantas possibilidades há para pintar essa bandeira?
- **Questão 3:** Considere a disponibilidade de pinos de cores amarela, verde, azul, vermelha e preta, 1 (um) pino de cada cor. De quantos modos é possível pintar uma bandeira com o mesmo formato da bandeira objeto deste jogo, antes de o jogo iniciar?

Uma vez comparados os resultados finais entre todos os alunos que estiveram na posição de ***desafiado*** será possível identificar o (s) aluno (s) que se sagrou (aram) campeão (ões) neste jogo.

VIII. Penalidade

Se ficar provado pelo juiz da partida, o professor, que o **desafiante** enganou o **desafiado** ao assinalar alguma informação incorreta dentre as possibilidades (a), (b), (c) ou (d) ou atribuiu valoração incorreta a alguma resposta apresentada pelo **desafiado** para as 3 questões do Jogo, o **desafiado** receberá os 4 pontos de prêmio e uma nova partida será disputada pelo **desafiado**, mas agora com um novo **desafiante**.

IX. Explorando algumas possíveis variações do jogo e a proposição de problemas

O Jogo também pode ser disputado entre 2 grupos de jogadores: 1 (um) grupo de jogadores ***desafiantes*** e 1 (um) grupo de jogadores ***desafiados***.

Há, também, uma terceira alternativa de disputa: o jogo ser disputado por vários grupos de jogadores ***desafiantes*** e por 1 (um) só jogador ***desafiado***: o professor.

Em relação ao material objeto do jogo, os pinos podem ser substituídos por "tampinhas de garrafa pet" e a placa de madeira pode ser substituída por um pedaço grande de papelão ou parte de uma folha de E.V.A., onde o formato da bandeira é desenhado.

É interessante que os alunos reflitam acerca de possíveis modificações que podem ser feitas nas regras do jogo, notadamente no que se refere aos tipos de respostas que o ***desafiante*** fornece ao ***desafiado***, bem como em relação às 3 questões que são propostas para resolver quando o formato da bandeira se modifica para uma bandeira com 4 listras horizontais, como mostrado na Figura 33, a seguir.

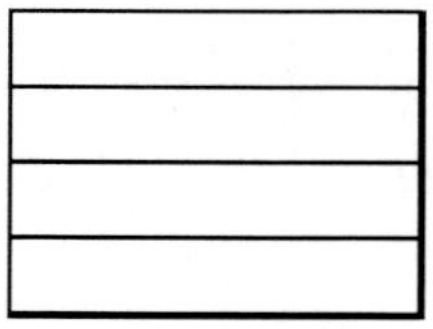

Figura 33: Formato de uma bandeira para o desenrolar do jogo. Fonte: o autor.

Para explorar ainda mais o conteúdo análise combinatória, presente no jogo, o professor pode pedir aos alunos que joguem algumas vezes: 3 ou 4 vezes, pelo menos.

Entretanto, também é recomendável pedir aos alunos que resolvam alguns problemas que tenham relação direta com a temática, a partir do jogo.

Além do mais, é recomendável pedir aos alunos que eles produzam algum registro que mostre o quanto aprenderam com o jogo.

Ou ainda, em momento mais adiante, também é recomendável pedir aos alunos que produzam novos problemas e novos jogos, na mesma linha deste jogo.

1.19 Jogo XVIII

Jogo "Identificar a pintura de uma bandeira formada por 4 regiões (quadrantes) numeradas como I, II, III e IV, da esquerda para a direita e de cima para baixo, como mostrado nas figuras a seguir. Devem ser observadas as seguintes condições: se admite pinturas de bandeiras em que não há repetição de cores entre si pelas 4 regiões da bandeira ou então a possibilidade de, em havendo a repetição de 1(uma) ou 2 cores, considerar que regiões (quadrantes) que têm fronteira em comum não podem ser pintadas com a mesma cor.

Estão disponíveis as cores amarela (AM), azul (AZ), vermelha (VM), verde (VD) e preta (PR)".

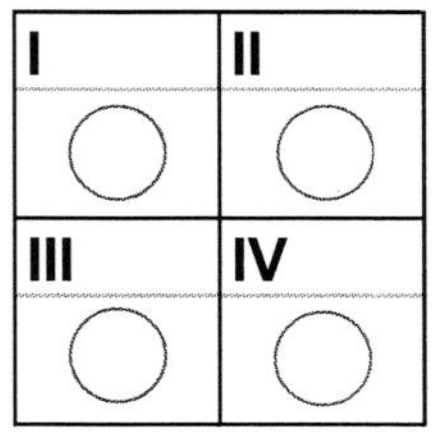

Figura 34: Formato de uma bandeira para o desenrolar do jogo. Fonte: o autor.

I. Material disponível para o Jogo

Os quadrantes da bandeira são numerados como I, II, III e IV, da esquerda para a direita, e de cima para baixo.

Estão disponíveis 2 conjuntos de pinos – 10 pinos em cada conjunto, cada pino pintado com uma só cor, cada 2 pinos pintados com a mesma cor, dentre as cores verde, azul amarela, vermelha e preta -, para serem utilizados pelos 2 jogadores: o **desafiante** e o **desafiado**.

Também estão disponíveis 2 placas de madeira idênticas contendo o mesmo formato da bandeira objeto da disputa, conforme mostrado na Figura 34, acima; 2 conjuntos de pinos, disponíveis para os 2 jogadores - cada conjunto contendo 10 pinos coloridos, cada 2 pinos pintados com a mesma cor escolhida dentre as cores verde, azul, amarela, vermelha e preta, e 2 "Quadros de respostas - Jogo de pinturas de bandeiras com 4 quadrantes", como mostrado no Quadro de respostas, Figura 35, a seguir.

Quadro de respostas – Jogo de pinturas de bandeiras com 4 quadrantes

Rodada	APOSTAS	RESPOSTAS	COMENTÁRIOS
1		(a); (b); (c); (d); (e); (f); (g)	
2		(a); (b); (c); (d); (e); (f); (g)	
3		(a); (b); (c); (d); (e); (f); (g)	
4		(a); (b); (c); (d); (e); (f); (g)	
5		(a); (b); (c); (d); (e); (f); (g)	
6		(a); (b); (c); (d); (e); (f); (g)	

Figura 35: Formato de um quadro de respostas para o desenrolar do jogo. Fonte: o autor.

II. Objetivo e considerações sobre o Jogo

O jogo possibilita a competição entre 2 jogadores: o ***desafiante*** e o ***desafiado***.

O ***desafiante*** escolhe uma ordenação de cores para os 4 quadrantes de uma bandeira, e o propósito do jogo é que o ***desafiado*** descubra como as cores foram distribuídas pelo ***desafiante*** para pintar as 4 regiões (quadrantes) da bandeira por meio do uso de pinos coloridos.

Uma vez que descubra a correta ordenação das cores é considerado vencedor, e caso contrário, é considerado perdedor. As buscas de maneiras para identificar a "pintura da bandeira" antes que cada jogada se concretize são próprias do exercício do raciocínio combinatório.

Recomenda-se que o Jogo seja disputado de modo que cada participante dispute 2 partidas na posição de **desafiante**, e 2 partidas na posição de **desafiado** - exceto se houver razão em contrário.

III. Instruções para o início do Jogo

Tanto o ***desafiante*** quanto o ***desafiado*** devem ler as instruções do jogo para que a disputa seja iniciada.

Inicialmente o ***desafiante*** posiciona, a seu gosto, 4 dentre os 10 pinos que estão consigo pelos quadrantes da sua placa de madeira (respectivamente, as regiões da bandeira) de maneira que possa estabelecer a ordenação de cores pelas regiões que compõem o desenho da bandeira com o qual vai competir no jogo, obedecidas as condições estabelecidas na regra do jogo para a distribuição das cores pelos quadrantes.

O ***desafiante*** deve tomar cuidado par não deixar que o ***desafiado*** veja a arrumação que fez. Além do mais, é conveniente que esconda todos os pinos que não foram utilizados, pois se os deixar à vista do ***desafiado*** este poderá intuir sobre as peças que fez uso e, possivelmente, lograr alguma vantagem nas suas apostas.

Uma vez que tenha concluído a arrumação dos pinos na sua placa de madeira, o ***desafiante*** deve escrever as letras iniciais das cores no espaço do desenho da bandeira presente no "Quadro de Respostas - Jogos de pinturas de bandeiras com 4 quadrantes", na ficha que está em seu poder.

Em seguida, o ***desafiante*** avisa ao ***desafiado*** que concluiu a pintura objeto da disputa do jogo, a arrumação dos seus pinos, coloca a placa de madeira sobre as suas pernas e avisa ao ***desafiado*** que o jogo pode ser iniciado.

IV. A disputa

As apostas, até o máximo de 6, são feitas por meio de tentativas (jogadas) do **desafiado** com o propósito de acertar a exata pintura da bandeira escolhida pelo **desafiante**, para a disputa do jogo.

Ou seja, a disputa consiste em o **desafiado** descobrir a cor de 1 (um) pino e o respectivo quadrante (região da bandeira) que ele foi posicionado pelo **desafiante** em sua placa de madeira - para todos os 4 pinos da pintura em disputa.

Portanto, para ser considerado vencedor na disputa, o **desafiado** precisa acertar a arrumação de pinos e quadrantes tal qual o **desafiante** assim a fez, respeitadas as regras que foram estabelecidas para o jogo.

V. Encaminhamento da disputa, primeira rodada

Há 10 pinos de madeira para cada jogador, disponíveis nas cores Verde (VD), Azul (AZ), Amarela (AM), Vermelha (VM) e Preta (PR), dois pinos de cada cor.

Os 4 pinos que serão colocados na placa de madeira - tanto pelo **desafiante** quanto pelo **desafiado** - devem ser escolhidos e posicionados obedecendo à condição de cada quadrante (região da bandeira) ser pintado com 1 (uma) só cor, todas as regiões da bandeira objeto do jogo devem ser pintadas e todas as regras estabelecidas para o jogo terem sido respeitadas.

O **desafiante** toma para si 4 dentre os seus 10 pinos - cada pino pintado de uma cor - e escolhe, para cada pino, o respectivo quadrante da bandeira em que o pino será colocado na placa de madeira - como mostrado nas figuras acima -, sem deixar que o **desafiado** identifique a pintura que fez, respeitadas as regras do jogo.

Em seguida, o **desafiante** faz o registro da sua aposta no "Quadro de respostas – Jogo de pinturas de bandeiras com 4 quadrantes" tal qual foi o posicionamento dos seus pinos em sua placa de madeira.

Feito isso, o **desafiante** toma o "Quadro de respostas", vira-o para baixo e o coloca a certa distância dos 2 jogadores, mas visível ao **desafiado**. Tal quadro é desvirado pelo **desafiante** apenas após cada nova aposta ser feita pelo **desafiado**, de modo que possa anotá-la e também ao final do jogo.

Uma vez que o **desafiante** sinalize ao ***desafiado*** já ter feito o posicionamento de seus 4 pinos e o respectivo registro no "Quadro de respostas", o **desafiado** faz uso da sua placa de madeira e de seus 4 pinos para fazer a sua aposta inicial.

Para tal, à vista do **desafiante** posiciona os pinos na sua placa de madeira com a pintura objeto da sua aposta nesta rodada e a entrega ao **desafiante** para que este faça o confronto entre a aposta e a escolha que fez em relação às posições dos pinos na placa.

Tanto o **desafiante** quanto o **desafiado** fazem o mesmo registro da aposta em seus respectivos "Quadros de respostas".

O **desafiado** deve aguardar a resposta do **desafiante** em relação à sua aposta, a qual será dada por meio da informação de qual opção entre (a), (b), (c), (d), (e) e (f) - conforme a seguir -, se enquadra a aposta que acabou de fazer.

(a) 1 (uma) dentre as cores indicadas não foi escolhida;

(b) 2 dentre as cores indicadas não foram escolhidas;

(c) Nenhuma das 4 regiões e respectivas cores coincide;

(d) Há 1 (uma) única coincidência entre região e respectiva cor;

(e) Há 2 coincidências entre região e respectiva cor;

(f) O agrupamento escolhido está correto, ou seja, é um agrupamento-solução que coincide.

Se a resposta do **desafiante** não foi a opção (f), o jogo continua.

Terminada a primeira rodada ou as demais que possam se suceder até a 5ª rodada, se o ***desafiado*** não obteve êxito em vencer o jogo ele precisa refletir acerca dos resultados que obteve até a rodada anterior e preparar-se para fazer uma nova aposta - que pode, inclusive, ser a sua última chance para vencer o jogo caso seja a 6ª rodada.

VI. Procedimentos para a continuidade do Jogo

Em prosseguimento ao jogo - tanto para a 2ª rodada quanto para as demais rodadas, até a 6ª rodada - o ***desafiado*** faz nova aposta e os mesmos procedimentos feitos quando da primeira rodada devem ser seguidos.

Os registros das apostas, tanto do ***desafiante*** quanto dc ***desafiado***, não devem deixar de ser feitos no "Quadro de respostas - Jogo de pinturas de bandeiras com 4 quadrantes". No espaço "Comentários", no "Quadro de respostas", o ***desafiante*** ou o ***desafiado***, um ou outro, pode indicar qualquer informação que julgue adequado fazer.

VII. Final da partida

A partida termina quando o ***desafiado*** acerta a escolha da pintura da bandeira que foi feita pelo ***desafiado***, em qualquer uma das 6 tentativas, e é considerado vencedor. Ou então, o jogo é dado como terminado quando após a conclusão da 6ª (sexta) tentativa do ***desafiado*** em encontrar a pintura correta da bandeira ele não logrou êxito, sendo considerado perdedor.

Ao final do jogo, em qualquer uma das duas possibilidades de finalização da partida, cabe ao ***desafiante*** e ao ***desafiado*** apresentarem um ao outro a formação das cores escolhidas nas respectivas regiões da bandeira de maneira que possa compará-las entre si.

Feitas as considerações finais necessárias entre os dois jogadores e uma vez confirmado o resultado final cabe ao ***desafiante*** atribuir 1 (um) ponto de bônus para o ***desafiado***, se este foi o vencedor.

Mas, o jogo não se encerra nesse momento.

Em seguida, o ***desafiado*** é instado a resolver as 3 questões que acompanham o Jogo, mostradas a seguir, e a entregar as resoluções e o resultado final ao ***desafiante*** de modo que este valide ou não a (s) resposta (s) e atribua 1 (um) ponto para cada resposta correta.

Assim, em cada partida o ***desafiado*** poderá obter o valor máximo de 4 pontos. Ao juiz da partida, o professor, caberá validar ou não a valoração atribuída pelo ***desafiante*** às respostas apresentadas pelo ***desafiado***.

Eis as 3 questões:

- **Questão 1:** Considere a disponibilidade de pinos de cores amarela, verde, azul, vermelha e preta, 2 (dois) pinos de cada cor. Sabendo que a cor verde foi usada para pintar o II e o III quadrante e a cor vermelha não faz parte da pintura da bandeira, de quantos modos é possível pintar uma bandeira com o mesmo formato da bandeira do jogo?
- **Questão 2:** Considere a disponibilidade de pinos de cores amarela, verde, azul, vermelha e preta, 2 pinos de cada cor. Sabendo que a cor verde foi usada para pintar o I quadrante e a cor azul foi usada para pintar o II quadrante, de quantos modos é possível pintar uma bandeira com o mesmo formato da bandeira do jogo?
- **Questão 3:** Considere a disponibilidade de pinos de cores amarela, verde, azul, vermelha e preta, 2 pinos de cada cor. De quantas maneiras é possível pintar a bandeira, antes de o jogo iniciar?

Uma vez comparados os resultados finais entre todos os alunos que estiveram na posição de ***desafiado*** será possível identificar o (s) aluno (s) que se sagrou (aram) campeão (ões) neste jogo.

VIII. Penalidade

Se ficar provado, pelo juiz da partida, o professor, que o **desafiante** enganou o **desafiado** ao assinalar alguma informação incorreta dentre as possibilidades (a), (b), (c), (d) ou (e), ou atribuiu valoração incorreta a alguma resposta apresentada pelo **desafiado** para as 3 questões do Jogo, o **desafiado** receberá os 4 pontos de prêmio e uma nova partida será disputada pelo **desafiado,** mas agora, com um novo **desafiante.**

IX. Explorando algumas possíveis variações do jogo e a proposição de problemas

O Jogo também pode ser disputado entre 2 grupos de jogadores: 1 (um) grupo de jogadores ***desafiantes*** e 1 (um) grupo de jogadores ***desafiados***.

Há, também, uma terceira alternativa de disputa: o jogo ser disputado por vários grupos de jogadores ***desafiantes*** e por 1 (um) só jogador ***desafiado***: o professor.

Em relação ao material objeto do jogo, os pinos podem ser substituídos por "tampinhas de garrafa pet" e a placa de madeira pode ser substituída por um pedaço grande de papelão ou parte de uma folha de E.V.A., onde o formato da bandeira é desenhado.

É interessante que os alunos reflitam acerca de possíveis modificações que podem ser feitas nas regras do jogo, notadamente no que se refere aos tipos de respostas que o ***desafiante*** fornece ao ***desafiado***, bem como em relação às 3 questões que são propostas para resolver quando o formato da bandeira se modifica para uma bandeira com 4 listras horizontais, como mostrado na Figura 36, a seguir.

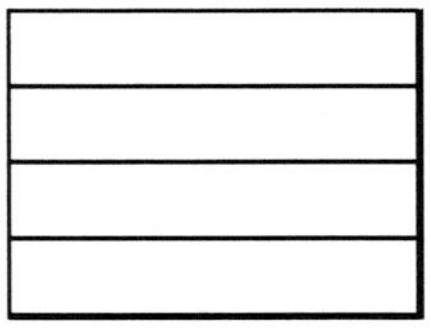

Figura 36: Formato de uma bandeira para o desenrolar do jogo. Fonte: o autor.

Para explorar ainda mais o conteúdo análise combinatória, presente no jogo, o professor pode pedir aos alunos que joguem algumas vezes: 3 ou 4 vezes, pelo menos.

Entretanto, também é recomendável pedir aos alunos que resolvam alguns problemas que tenham relação direta com a temática, a partir do jogo.

Além do mais, é recomendável pedir aos alunos que produzam algum registro que mostre o quanto eles aprenderam com o jogo.

Ou ainda, em momento mais adiante é recomendável pedir aos alunos que produzam novos problemas e novos jogos, na mesma linha deste jogo.

1.20 Jogo XIX

Jogo "Identificar a pintura de uma bandeira formada por 5 regiões, como mostrado na figura a seguir. Devem ser observadas as seguintes condições: admite-se pinturas de bandeiras em que todas as regiões têm cores distintas entre si e nas pinturas em que se tenha a repetição de cor (de 1 (uma) cor ou de 2 cores) seja tal que as regiões com fronteira em comum não podem ser pintadas com a mesma cor. Estão disponíveis as cores amarela (AM), azul (AZ), vermelha (VM), verde (VD) e preta (PR)"

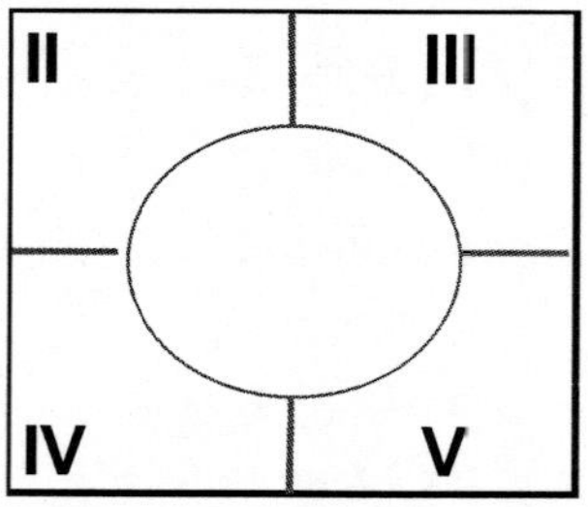

Figura 37: Formato de uma bandeira para o desenrolar do jogo. Fonte: o autor.

I. Material disponível para o Jogo

As *regiões* da bandeira são numeradas como I (região central), II, III IV e V.

Estão disponíveis 2 conjuntos de pinos – 10 pinos em cada conjunto, cada pino pintado com uma só cor, cada 2 pinos pintados com a mesma cor, dentre as cores verde, azul amarela, vermelha e preta -, para serem utilizados pelos 2 jogadores: o **desafiante** e o **desafiado**.

Também estão disponíveis 2 placas de madeira idênticas contendo o mesmo formato da bandeira objeto da disputa, conforme mostrado na Figura 37; 2 conjuntos de pinos, disponíveis para os 2 jogadores - cada conjunto contendo 10 pinos coloridos, cada 2 pinos pintados com a mesma cor escolhida dentre as cores verde, azul, amarela, vermelha e preta, e 2 "Quadros de respostas - Jogo de pinturas de bandeiras com 5 regiões", como mostrado no Quadro de respostas, Figura 38, a seguir.

Quadro de respostas – Jogo de pinturas de bandeiras com 5 regiões

Rodada	APOSTAS	RESPOSTAS	COMENTÁRIOS
1		(a); (b); (c); (d); (e); (f); (g)	
2		(a); (b); (c); (d); (e); (f); (g)	
3		(a); (b); (c); (d); (e); (f); (g)	
4		(a); (b); (c); (d); (e); (f); (g)	
5		(a); (b); (c); (d); (e); (f); (g)	
6		(a); (b); (c); (d); (e); (f); (g)	

Figura 38: Formato de um quadro de respostas para o desenrolar do jogo. Fonte: o autor.

II. Objetivo e considerações sobre o Jogo

O jogo possibilita a competição entre 2 jogadores: o ***desafiante*** e o ***desafiado***.

O ***desafiante*** escolhe uma ordenação de cores para as 5 *regiões* de uma bandeira, e o propósito do jogo é que o ***desafiado*** descubra como as cores foram distribuídas pelo ***desafiante*** para pintar as 5 *regiões* da bandeira por meio do uso de pinos coloridos.

Uma vez que descubra a correta ordenação das cores é considerado vencedor, e caso contrário é considerado perdedor. As buscas de maneiras para identificar a "pintura da bandeira" antes que cada jogada se concretize são próprias do exercício do raciocínio combinatório.

Recomenda-se que o Jogo seja disputado de modo que cada participante dispute 2 partidas na posição de **desafiante**, e 2 partidas na posição de **desafiado** - exceto se houver razão em contrário.

III. Instruções para o início do Jogo

Tanto o ***desafiante*** quanto o ***desafiado*** devem ler as instruções do jogo para que a disputa seja iniciada.

Inicialmente o ***desafiante*** posiciona, a seu gosto, 5 dentre os 10 pinos que estão consigo pelas regiões da bandeira desenhada em sua placa de madeira de maneira que possa estabelecer a ordenação de cores pelas regiões que compõem o desenho da bandeira com o qual vai competir no jogo, obedecidas as condições estabelecidas na regra do jogo para a distribuição das cores pelas 5 *regiões*.

O ***desafiante*** deve tomar cuidado para não deixar que o ***desafiante*** veja a arrumação que fez. Além do mais, é conveniente que esconda todos os pinos que não foram utilizados, pois se os deixar à vista do ***desafiado*** este poderá intuir sobre as peças que fez uso e, possivelmente, lograr alguma vantagem nas suas apostas.

Uma vez que tenha concluído a arrumação dos pinos na sua placa de madeira o ***desafiante*** deve escrever as letras iniciais das cores no espaço do desenho da bandeira presente no "Quadro de Respostas - Jogos de pinturas de bandeiras com 5 *regiões*", na ficha que está em seu poder.

Em seguida, o ***desafiante*** avisa ao ***desafiado*** que concluiu a pintura objeto da disputa do jogo, a arrumação dos seus pinos, coloca a placa de madeira sobre as suas pernas e avisa ao ***desafiado*** que o jogo pode ser iniciado.

IV. A disputa

As apostas, até o máximo de 6, são feitas por meio de tentativas (jogadas) do **desafiado** com o propósito de acertar a exata pintura da bandeira escolhida pelo **desafiante**, para a disputa do jogo.

Ou seja, a disputa consiste em o **desafiado** descobrir a cor de 1 (um) pino e a respectiva região da bandeira que ele foi posicionado pelo **desafiante** em sua placa de madeira - para todos os 5 pinos da pintura em disputa.

Portanto, para ser considerado vencedor na disputa, o **desafiado** precisa acertar a arrumação de pinos e regiões tal qual o **desafiante** assim o fez, respeitadas as regras que foram estabelecidas para o jogo.

V. Encaminhamento da disputa, primeira rodada

Há 10 pinos de madeira para cada jogador, disponíveis nas cores Verde (VD), Azul (AZ), Amarela (AM), Vermelha (VM) e Preta (PR), 2 pinos de cada cor. Os 5 pinos que serão colocados na placa de madeira - tanto pelo **desafiante** quanto pelo **desafiado** - devem ser escolhidos e posicionados obedecendo à condição de cada região da bandeira ser pintada com 1 (uma) só cor, todas as regiões da bandeira objeto do jogo devem ser pintadas e todas as regras estabelecidas para o jogo devem ser respeitadas.

O **desafiante** toma para si 5 dentre os seus 10 pinos - cada pino pintado de uma cor - e escolhe, para cada pino, o respectivo quadrante da bandeira em que o pino será colocado na placa de madeira - como mostrado na Figura 38, sem deixar que o **desafiado** identifique a pintura que fez, respeitadas as regras do jogo.

Em seguida o **desafiante** faz o registro da sua aposta no "Quadro de respostas – Jogo de pinturas de bandeiras com 5 *regiões*" tal qual foi o posicionamento dos seus pinos em sua placa de madeira.

Feito isso, o **desafiante** toma o "Quadro de respostas", vira-o para baixo e o coloca a certa distância dos 2 jogadores, mas visível ao **desafiado**.

Tal quadro é desvirado pelo **desafiante** apenas após cada nova aposta ser feita pelo **desafiado**, de modo que possa anotá-la e também ao final do jogo.

Uma vez que o **desafiante** sinalize ao ***desafiado*** já ter feito o posicionamento de seus 5 pinos e o respectivo registro no "Quadro de respostas", o **desafiado** faz uso da sua placa de madeira e de seus 5 pinos para fazer a sua aposta inicial.

Para tal, à vista do **desafiante** posiciona os pinos na sua placa de madeira com a pintura objeto da sua aposta nesta rodada e a entrega ao **desafiante** para que este faça o confronto entre a aposta e a escolha que fez em relação às posições dos pinos na placa.

Tanto o **desafiante** quanto o **desafiado** fazem o mesmo registro da aposta em seus respectivos "Quadros de respostas".

O **desafiado** deve aguardar a resposta do **desafiante** em relação a sua aposta, a qual será dada por meio da informação de qual opção entre (a), (b), (c), (d), (e), (f), (g), (h), (i) ou (j) - conforme a seguir -, se enquadra a aposta que acabou de fazer, respeitadas as seguintes condições iniciais: no caso de a opção (a) ou a opção (b) ocorrer, elas devem ser enunciadas logo na primeira rodada do jogo, em detrimento das demais opções.

(a) 1 (uma) dentre as cores indicadas pelos pinos não foi escolhida;

(b) 2 dentre as cores indicadas pelos pinos não foram escolhidas;

(c) 1 (uma) dentre as cores indicadas não foi escolhida;

(d) 2 dentre as cores indicadas não foi escolhida;

(e) Nenhuma das 5 regiões e respectivas cores coincide;

(f) Há 1 (uma) única coincidência entre região e respectiva cor;

(g) Há 2 coincidências entre região e respectiva cor;

(h) Há 3 coincidências entre região e respectiva cor;

(i) Há 4 coincidências entre região e respectiva cor;

(j) O agrupamento escolhido está correto, ou seja, é um agrupamento-solução que coincide.

Se a resposta do **desafiante** não foi a opção (j), o jogo continua.

Terminada a primeira rodada ou as demais que possam se suceder, até a 5ª rodada, se o ***desafiado*** não obteve êxito em vencer o jogo ele precisa refletir acerca dos resultados que obteve até a rodada anterior e preparar-se para fazer uma nova aposta - que pode, inclusive, ser a sua última chance para vencer o jogo caso seja a 6ª rodada.

VI. Procedimentos para a continuidade do Jogo

Em prosseguimento ao jogo - tanto para a 2ª rodada quanto para as demais rodadas, até a 6ª rodada, o ***desafiado*** faz nova aposta e os mesmos procedimentos feitos quando da primeira rodada devem ser seguidos.

Os registros das apostas, tanto do ***desafiante*** quanto do ***desafiado***, não devem deixar de ser feitos no "Quadro de respostas - Jogo de pinturas de bandeiras com 5 regiões".

No espaço "Comentários", no "Quadro de respostas", o ***desafiante*** ou o ***desafiado***, um ou outro, pode indicar qualquer informação que julgue adequada fazer.

VII. Final da partida

A partida termina quando o ***desafiado*** acerta a escolha da pintura da bandeira que foi feita pelo ***desafiado***, em qualquer uma das 6 tentativas, e é considerado vencedor.

Ou então, o jogo é dado como terminado quando após a conclusão da 6ª (sexta) tentativa do ***desafiado*** em encontrar a pintura correta da bandeira ele não logrou êxito, sendo considerado perdedor.

Ao final do jogo, em qualquer uma das duas possibilidades de finalização da partida, cabe ao ***desafiante*** e ao ***desafiado*** apresentarem um ao outro a formação das cores escolhidas nas respectivas regiões da bandeira de maneira que possa compará-las entre si.

Feitas as considerações finais necessárias entre os 2 jogadores e uma vez confirmado o resultado final cabe ao ***desafiante*** atribuir 1 (um) ponto de bônus para o ***desafiado***, se este foi vencedor. Mas o jogo não se encerra nesse momento.

Em seguida o ***desafiado*** é instado a resolver as 3 questões que acompanham o Jogo, mostradas a seguir, e a entregar as resoluções e o resultado final ao ***desafiante*** de modo que este valide ou não a (s) resposta (s) e atribua 1 (um) ponto para cada resposta correta.

Assim, em cada partida o ***desafiado*** poderá obter o valor máximo de 4 pontos.

Ao juiz da partida, o professor, caberá validar ou não a valoração atribuída pelo ***desafiante*** às respostas apresentadas pelo ***desafiado***.

Eis as 3 questões:

- **Questão 1:** Considere a disponibilidade de pinos de cores amarela, verde, azul, vermelha e preta, 2 pinos de cada cor. Sabendo que a cor verde foi usada para pintar o II e o V quadrantes e a cor vermelha não faz parte da pintura da bandeira, de quantos modos é possível pintar uma bandeira com o mesmo formato da bandeira do jogo?
- **Questão 2:** Considere a disponibilidade de pinos de cores amarela, verde, azul, vermelha e preta, 2 pinos de cada cor. Sabendo que a cor verde foi usada para pintar o I quadrante e a cor azul foi usada para pintar o II quadrante, de quantos modos é possível pintar uma bandeira com o mesmo formato da bandeira do jogo?
- **Questão 3:** Considere a disponibilidade de pinos de cores amarela, verde, azul, vermelha e preta, 2 pinos de cada cor. De quantas maneiras é possível pintar a bandeira, antes de o jogo iniciar?

Uma vez comparados os resultados finais entre todos os alunos que estiveram na posição de ***desafiado*** será possível identificar o (s) aluno (s) que se sagrou (aram) campeão (ões) neste jogo.

VIII. Penalidade

Se ficar provado pelo juiz da partida, o professor, que o **desafiante** enganou o **desafiado** ao assinalar alguma informação incorreta dentre as possibilidades (a), (b), (c), (d), (e), (f), (g), (h) ou (i), ou atribuiu valoração incorreta a alguma resposta apresentada pelo **desafiado** para as 3 questões do Jogo, o **desafiado** receberá os 4 pontos de prêmio e uma nova partida será disputada pelo **desafiado,** mas agora, com um novo **desafiante**.

IX. Explorando algumas possíveis variações do jogo e a proposição de problemas

O Jogo também pode ser disputado entre 2 (dois) grupos de jogadores: 1 (um) grupo de jogadores ***desafiantes*** e 1 (um) grupo de jogadores ***desafiados***.

Há, também, uma terceira alternativa de disputa: o jogo ser disputado por vários grupos de jogadores

desafiantes e por 1 (um) só jogador ***desafiado***: o professor.

Em relação ao material objeto do jogo, os pinos podem ser substituídos por "tampinhas de garrafa pet" e a placa de madeira pode ser substituída por um pedaço grande de papelão ou parte de uma folha de E.V.A., onde o formato da bandeira é desenhado.

É interessante que os alunos reflitam acerca de possíveis modificações que podem ser feitas nas regras do jogo, notadamente no que se refere aos tipos de respostas que o ***desafiante*** fornece ao ***desafiado***, bem como em relação às 3 (três) questões que são propostas para resolver quando o formato da bandeira se modifica para uma bandeira com 5 listras horizontais, como mostrado na Figura 39, a seguir.

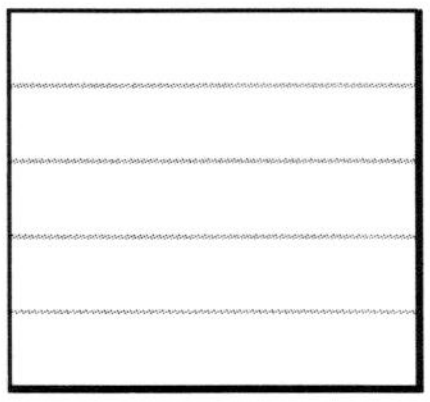

Figura 39: Formato de uma bandeira para o desenrolar do jogo. Fonte: o autor.

Para explorar ainda mais o conteúdo análise combinatória, presente no jogo, o professor pode pedir aos alunos que joguem algumas vezes: 3 ou 4 vezes, pelo menos.

Entretanto, também é recomendável pedir aos alunos que resolvam alguns problemas que tenham relação direta com a temática, a partir do jogo.

Além do mais, é recomendável pedir aos alunos que produzam algum registro que mostre o quanto eles aprenderam com o jogo.

Ou ainda, em um momento mais adiante, é recomendável pedir aos alunos que produzam novos problemas e novos jogos, na mesma linha deste jogo.

1.21 Jogo XX

Jogo "Grelha Quadrada 3 x 3" – Versão A"

I. Material a ser disponibilizado para uso durante o desenrolar do jogo

O jogo utiliza um tabuleiro quadrado 3 x 3 (três quadrados menores dispostos no sentido horizontal por 3 quadrados menores dispostos no sentido vertical, totalizando 3 x 3 = 9 quadrados menores), denominado por "Grelha Quadrada 3 x 3". A Figura 40, a seguir, mostra um tabuleiro de jogo:

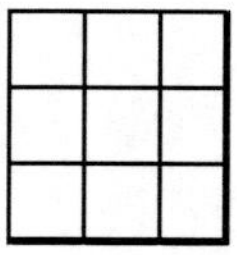

Figura 40: Tabuleiro do jogo "Grelha Quadrada 3 x 3" – Versão A. Fonte: o autor.

Para realizar os movimentos sobre o tabuleiro são utilizadas 2 "tampinhas de garrafa pet": uma na cor amarela, para o jogador indicado por A, e outra na cor azul, para o jogador indicado por B, como mostrado na Figura 41, a seguir.

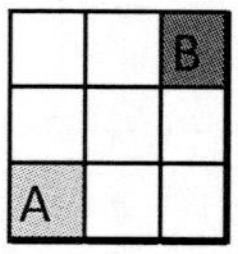

Figura 41: Tabuleiro do jogo "Grelha Quadrada 3 x 3" – Versão A, mostrando as posições iniciais. Fonte: o autor.

De modo a facilitar a comprovação da movimentação das "tampinhas de garrafa pet" durante o desenrolar do jogo até o seu desfecho, ou para identificar o prosseguimento do jogo em caso de alguma interrupção, sugerimos o uso de canetas nas cores amarela e azul e a reprodução dos movimentos das "tampinhas de garrafa pet" em um tabuleiro desenhado em uma folha de papel a parte, onde as pinturas deverão ser feitas, como mostrado na Figura 42, a seguir.

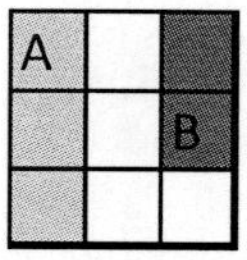

Figura 42: Tabuleiro do jogo "Grelha Quadrada 3 x 3" – Versão A, mostrando os 3 primeiros movimentos de um jogo. Fonte: o autor.

A Figura 42, acima, aponta que o jogo foi interrompido após o 3º movimento das "tampinhas de garrafa pet". Também, que o jogador A ("tampinha" de cor amarela) foi o último a jogar.

Portanto, quando o jogo for reiniciado, o jogador B ("tampinha" de cor azul) será o jogador a movimentar sua "tampinha de garrafa pet".

II. Objetivos

Trata-se de um jogo entre 2 oponentes: A e B.

O jogador que vai dar início ao jogo será decidido por meio de uma disputa tipo "par ou ímpar". O jogador vencedor dessa disputa deve colocar sua "tampinha de garrafa pet" no quadrado localizado no canto inferior à esquerda e o seu oponente deve colocar sua "tampinha de garrafa pet" no quadrado localizado no canto superior à direita.

A Figura 43, a seguir, mostra-nos a disposição das "tampinhas" antes de o jogo ser iniciado, considerando que o jogador A tenha sido o vencedor da disputa "par ou ímpar".

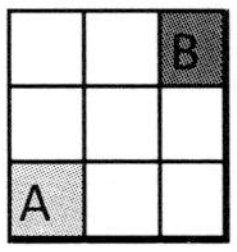

Figura 43: Tabuleiro do jogo "Grelha Quadrada 3 x 3" – Versão A, mostrando as posições iniciais Fonte: o autor.

O objetivo principal de cada jogador é o de capturar a "tampinha" do seu oponente ou conseguir posicionar sua "tampinha" na posição de partida do seu oponente quando do início do jogo, isto é: o objetivo do jogador A é o de colocar sua "tampinha" no quadrado pintado de azul e o objetivo do jogador B é o de colocar sua "tampinha" no quadrado de cor amarela, segundo a Figura 43, acima.

Para atender a este objetivo, será preciso que o jogador obedeça a certas regras do jogo, as quais serão apresentadas em prosseguimento.

Outros objetivos também serão vistos, em prosseguimento.

III. Regras do jogo

1ª regra: Conforme mostra a Figura 44, a seguir:

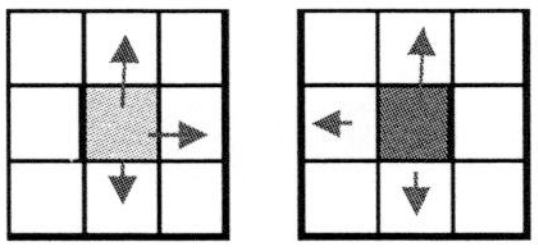

Figura 44: Movimentos permitidos no Tabuleiro do jogo "Grelha Quadrada 3 x 3" – Versão A Fonte: o autor.

- O jogador A pode movimentar sua "tampinha" na posição vertical, uma posição por vez, não sendo permitido retornar à posição ocupada na jogada anterior. Também pode movimentar sua "tampinha" na posição horizontal, uma posição por vez, somente para a direita;
- O jogador B pode movimentar sua "tampinha" na posição vertical, uma posição por vez, não sendo permitido retornar à posição ocupada na jogada anterior. Também pode movimentar sua "tampinha" na posição horizontal, uma posição por vez, somente para a esquerda.

2ª regra:

É obrigatória a captura da "tampinha" do oponente sempre que for possível, isto é, apenas quando as duas "tampinhas": do jogador e do seu oponente, se encontrarem "em diagonal".

Deve ser respeitado o sentido horizontal do jogador que vai fazer a captura. A captura da "tampinha" do oponente pelo jogador A somente será feita "em diagonal" para a direita, enquanto que a captura da "tampinha" do oponente pelo jogador B somente será feita "em diagonal" para a esquerda, como mostra a Figura 45, a seguir:

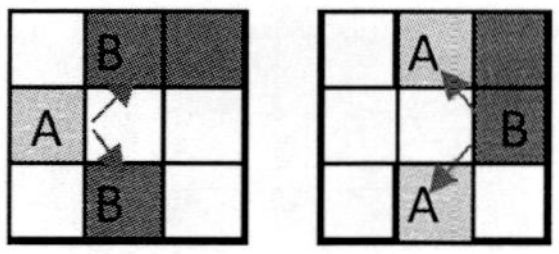

Figura 45: Movimentos possíveis de captura de uma "tampinha" no Tabuleiro do jogo "Grelha Quadrada 3 x 3" – Versão A. Fonte: o autor.

Na Figura 45, acima, à esquerda, o jogador A deve capturar a "tampinha" do jogador B em qualquer uma das duas situações mostradas - e apenas nessas situações -, respeitando o sentido horizontal para a direita de movimento de suas "tampinhas".

Já na Figura 45, acima, à direita, o jogador B deve capturar a "tampinha" do jogador A em qualquer uma das duas situações mostradas – e apenas nessas situações -, respeitando o sentido horizontal para a esquerda de movimento de suas "tampinhas".

3ª regra:

Sempre que um jogador estiver com a sua "tampinha" junto ao quadrado inicial do seu oponente é obrigatório que finalize a disputa. Ou seja, um jogador não poderá fazer nenhum outro movimento que não este.

4ª regra:

O movimento das "tampinhas" durante o desenrolar do jogo não poderá ultrapassar o limite máximo de 8 movimentos. Ou seja, cada um dos jogadores poderá movimentar sua "tampinha", no máximo por 4 vezes no tabuleiro.

Assim, quando o jogador B fizer o 8º movimento, o jogo estará encerrado.

Se após o 8º movimento, o jogador B não conseguir colocar sua "tampinha" na posição inicial do jogador A o jogo será finalizado, estando configurado o empate.

Portanto, qualquer resultado será computado ao final do 8º movimento ou em um movimento anterior a esse, caso um jogador "*capture*" a "tampinha" do seu oponente.

Sugerimos que sejam disputadas pelo menos 4 rodadas para este jogo entre os mesmos jogadores, com alternância do jogador que vai iniciar jogando, de modo que após essas rodadas elas tenham servido de base para reflexões pessoais e/ou coletivas dos 2 jogadores e de alunos da turma.

Após este momento espera-se que os jogadores reúnam condições para avaliarem a existência ou não de uma "estratégia ganhadora", se for o caso.

IV. Objetivo pedagógico do jogo

A restrição em relação ao número máximo de 8 movimentos tem 2 razões:

- A primeira razão é a de permitir que o jogo não se estenda por muitos movimentos, tornando-se cansativo e desinteressante pelos alunos.
- A segunda razão tem a ver com a resolução de problemas combinatórios associados ao jogo - que serão

sugeridos aos professores, em prosseguimento - de modo que avaliem a viabilidade/possibilidade de propor aos seus alunos. Tal razão vai ao encontro de encurtar as resoluções de alguns dos problemas, permitindo o exercício do raciocínio combinatório durante a construção de diagramas de árvore e de chegar à listagem de todas as possibilidades como o jogo poderá se desenrolar a partir de um determinado momento do jogo.

O objetivo pedagógico do jogo é o de oportunizar aos jogadores reflexões acerca do estabelecimento de uma "estratégia ganhadora" que possa ser posta em prática, se for o caso, enquanto vão sendo explorados alguns conceitos de Combinatória e de Probabilidade.

Assim, de modo a facilitar o estabelecimento de uma "estratégia ganhadora", se for o caso, alguns problemas serão propostos aos alunos. Além do mais, se espera que cada jogador se comporte como um jogador proativo, ou seja, um jogador que deseja vencer o jogo.

Para resolver os problemas sugerimos recorrer à construção de diagramas de árvore com o propósito de identificar todas (ou algumas) as possibilidades que o rumo do jogo poderá tomar. Está aí o primeiro conhecimento básico de Combinatória oriundo do jogo: a construção de diagramas de árvore.

Uma vez construído o diagrama de árvore, por completo, todos os resultados de jogo serão conhecidos. Por sua vez, cada um destes resultados pode ser alcançado pelos jogadores conforme seja o desenrolar do jogo.

Cada uma das possibilidades (cada ramo do diagrama de árvore) é considerada um evento elementar no universo do espaço amostral do experimento aleatório associado aos resultados do jogo.

Cabe, então, perguntar:

- Segundo as regras estabelecidas, quantas possibilidades dão vitória ao jogador A?
- Qual a probabilidade de o jogador A vencer o jogo?
- Segundo as regras estabelecidas, quantas possibilidades dão vitória ao jogador B?
- Qual a probabilidade de o jogador B vencer o jogo? ou
- Segundo as regras estabelecidas, em quantas possibilidades ocorre empate nesse jogo?
- Qual a probabilidade de ocorrer empate neste jogo?

Considerando as regras estabelecidas para este jogo; o fato de a jogadora Ana começar jogando e o contexto da Teoria das Probabilidades, vamos confirmar, mais adiante, que em relação ao evento = {Ana vence o jogo}, trata-se de um evento não impossível e sim de um evento certo, isto é, probabilidade igual a 1.

Quanto ao evento = {Bia vence o jogo}, trata-se de um evento impossível, isto é, probabilidade igual a 0, que também será confirmado mais adiante. Igualmente em relação ao evento = {O jogo termina em empate}, também se trata de um evento impossível.

Após 4 (quatro) rodadas em disputa (com alternância em relação ao jogador que inicia jogando) se espera que a experiência cumulada pelos dois jogadores os ajude a refletir acerca da importância e necessidade de estabelecer uma "estratégia ganhadora", se for o caso.

Ou seja, é importante que cada jogador pense a respeito de vir a estabelecer uma "estratégia ganhadora", se ela existir, de modo que sempre possa vencer o jogo.

Também se espera que cada jogador se aproprie dos conceitos da Análise Combinatória presentes durante as ações necessárias ao desenrolar do jogo.

Podemos dizer que o jogo é, por assim dizer, um disparador do ensino aprendizagem de alguns conceitos de Análise Combinatória e de Probabilidade.

Os objetivos pedagógicos do jogo são que os jogadores exercitem o raciocínio combinatório enquanto aprendem a construir um diagrama de árvore; se apropriem de novos conhecimentos próprios da Análise Combinatória e, se for o caso, busquem encontrar uma "estratégia ganhadora" para o jogo.

Portanto, não se trata de um simples jogo que se joga por jogar; uma diversão, mas de um jogo que contém desafios a serem alcançados pelos jogadores. Um deles é o de verificar a possibilidade de estabelecer uma "estratégia ganhadora", se for o caso.

Ademais, necessário se faz que os jogadores reflitam e decidam quanto ao jogo ser um jogo de sorte/azar ou um jogo de estratégia.

Também se faz necessário que os jogadores decidam em relação ao jogo ser um "Jogo Combinatório" ou não.

V. Organização dos alunos em sala

Os participantes podem participar do jogo tanto de modo individual (um jogador contra o outro jogador) quanto em grupos menores - desde que todos os membros do grupo estejam imbuídos do propósito de descobrirem uma estratégia para vencer o jogo, se for o caso.

Também será preciso que os jogadores pensem em relação à questão de o oponente vir a conseguir estabelecer uma estratégia capaz de neutralizar a sua estratégia - supostamente uma estratégia ganhadora - em algum momento do jogo.

Por conta das reflexões que os alunos venham a fazer esperamos que eles pensem a respeito de, uma vez que uma "estratégia de jogo" tenha sido descoberta, será preciso que ela seja testada para se certificarem de ser ela uma "estratégia ganhadora" ou ser uma "estratégia que funciona, mas dependente das ações do oponente".

Uma vez que uma "estratégia de jogo" tenha sido testada (ganhadora ou não), ao menos por 3 rodadas, uma questão se apresenta e precisa ser respondida:

Se for o caso de considerar a estratégia estabelecida como "estratégia ganhadora" ou "estratégia que funciona, mas dependente das ações do oponente", será preciso lançar mão de algum expediente de jogo para que o oponente não tenha condições de neutralizar essa "estratégia"?

VI. Alunos comunicando a aprendizagem

Recomendamos ao professor que oportunize aos alunos a possibilidade de eles mostrarem o que aprenderam com o jogo. Para tal, o professor pode promover reflexões e discussões conjuntas a esse respeito e pedir que eles escrevam sobre o que aprenderam com o jogo.

VI. Explorando alguns possíveis problemas de Combinatória associados com o jogo

Uma vez que os alunos conheçam bem as "Regras do Jogo", após terem jogado por algumas rodadas, o professor pode propor problemas relacionados com o jogo. Em prosseguimento, sugerimos alguns problemas:

Problema 1: Ana (A) e Bia (B) estão jogando o jogo **"Grelha Quadrada 3 x 3" – Versão A** pela terceira vez - com vitória para Ana nas duas primeiras rodadas - quando a professora Carla chega junto à mesa onde elas estão, observa a disposição das "tampinhas de garrafa pet" sobre o tabuleiro após os 4 primeiros movimentos das "tampinhas"; as anotações que fizeram no desenho do tabuleiro em papel, e faz a seguinte proposta às duas estudantes: agora vocês não vão mais continuar a jogar, mas, juntas, encontrar todas as possibilidades como o jogo poderá se desenrolar a partir do 4º movimento até que ele chegue ao final, com a vitória para Ana ou a vitória para Bia ou empate.

Eis a configuração do jogo após o 4º movimento, movimento que foi feito por Bia, como mostrado na Figura 46, a seguir:

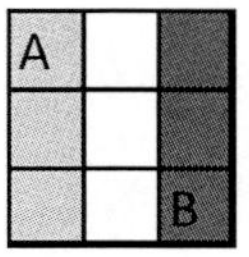

Figura 46: Configuração do jogo "Grelha Quadrada 3 x 3" – Versão A, após o 4º movimento. Fonte: o autor.

A professora continua: vou começar por ajudá-las, e depois vocês continuam fazendo, pois eu tenho a convicção de que vocês farão exatamente como tem de ser feito. Vamos lá meninas:

Primeiramente, eis a situação de jogo no 5º movimento, com o possível movimento que pode ser feito por Ana: horizontalmente para a direita, como mostrado na Figura 47, a seguir:

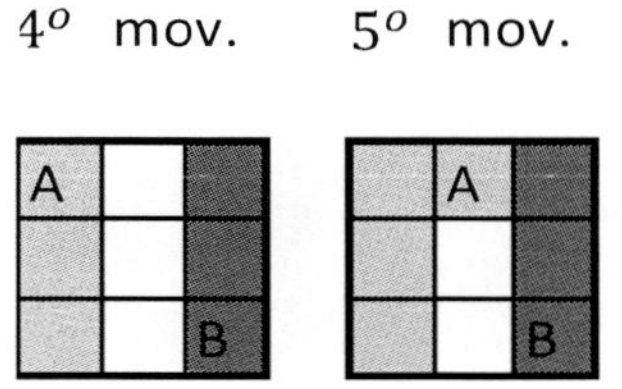

Figura 47: Configuração do jogo "Grelha Quadrada 3 x 3" – Versão A, após o 5º movimento. Fonte: o autor.

Como foi a Ana que fez o 5º movimento do jogo, o próximo movimento deverá ser feito por Bia.

Eu começo, então, perguntando à Bia: Considerando a possibilidade que pode ser deixada por Ana, qual movimento você poderá fazer com a sua "tampinha", no 6º movimento?

E Bia responde: eu só posso movimentar a minha "tampinha" no sentido horizontal para a esquerda. A Figura 48, a seguir, mostra o possível movimento que Bia pode realizar no 6º movimento de jogo para a situação que pode ser deixada por Ana após o 5º movimento:

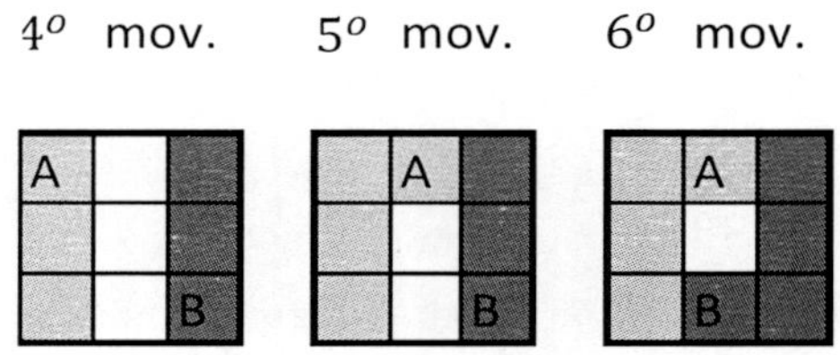

Figura 48: Situações de jogo "Grelha Quadrada 3 x 3" – Versão A, possíveis após o 6º movimento. Fonte: o autor.

Agora é a sua vez, Ana. Este movimento é o seu último movimento no jogo, para a possível situação deixada por Bia.

Para a possibilidade de movimentação da "tampinha" de cor azul de Bia, qual movimentação você pode realizar com a sua "tampinha" de cor amarela no 7º movimento?

E Ana responde: eu devo movimentar minha "tampinha" para a posição inicial que Bia iniciou o jogo, de modo a respeitar a 3ª regra do jogo. Portanto, nesta situação, eu já serei a vencedora, neste 7º movimento.

A Figura 49, a seguir, mostra-nos o único movimento possível que Ana pode realizar no 7º movimento de jogo, para a situação de jogo deixada pela posição da "tampinha" de cor azul de Bia:

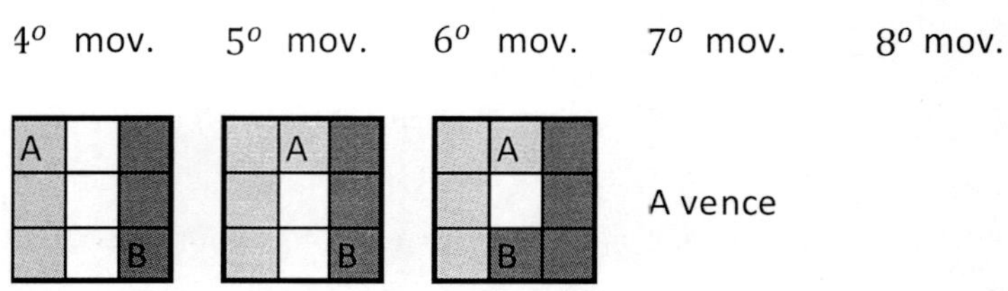

Figura 49: Situações de jogo "Grelha Quadrada 3 x 3" – Versão A, possíveis após o 7º movimento - Fonte: o autor.

Observe que a jogadora Ana vence o jogo no 7º movimento - o último movimento que ela pode realizar no jogo.

Bem, o jogo foi finalizado sem que Bia pudesse fazer o seu último movimento no jogo - o 8º movimento de jogo -, pois o jogo termina por aqui. Vocês não podem esquecer que o número máximo de movimentos no jogo é de 8, segundo a 4ª regra do jogo.

A Figura 50, a seguir, mostra-nos o diagrama de árvore completo, a partir do 4º movimento de jogo:

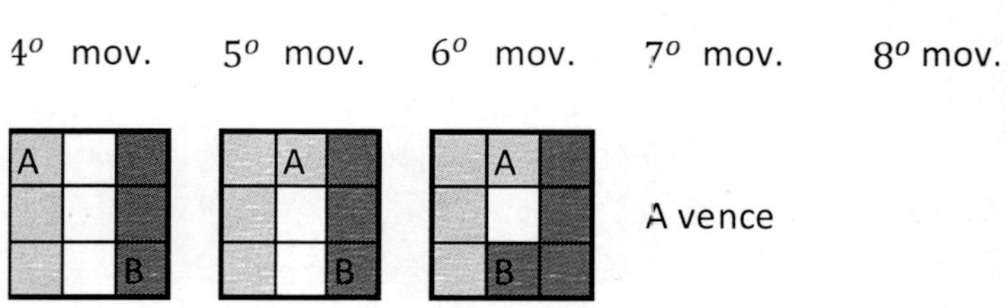

Figura 50: Situações de jogo "Grelha Quadrada 3 x 3" – Versão A, possíveis após o 8º movimento. Fonte: o autor.

Portanto, em uma disputa de jogo, no caso de ao final do 4º movimento haver a distribuição das "tampinhas", conforme foi indicado, Ana vence o jogo sem que Bia tenha chance de vencer, tampouco de haver empate.

Será que em todas as possibilidades de jogo isto sempre ocorre?

Em se tratando de haver possibilidades de Ana ou Bia ser vencedora no jogo, o número dessas possibilidades é o mesmo?

Também é interessante perguntar aos alunos:

Diante da disposição das "tampinhas" por ocasião do 4º movimento de jogo será que há uma estratégia que Ana possa utilizar para sair vencedora do jogo, já que ela tem o direito de movimentar sua "tampinha" no 5º movimento, e Bia pode movimentar a sua apenas no 6º movimento?

Professor, dê aos alunos as orientações iniciais e deixe-os tentar completar o diagrama de árvore.

Assim, pedimos que não mostre o diagrama de árvore (que se encontra ao final do Problema 2, a seguir) aos seus alunos, antes que eles tentem fazer sozinhos. Obrigado.

Problema 2: Ana (A) e Bia (B) estão jogando o jogo **"Grelha Quadrada 3 x 3" - Versão A** pela terceira vez - com vitória para Ana nas duas primeiras rodadas - quando a professora Carla chega junto à mesa onde elas estão, observa a disposição das "tampinhas de garrafa pet" sobre o tabuleiro após os 4 primeiros movimentos das "tampinhas"; as anotações que fizeram no desenho do tabuleiro em papel, e faz a seguinte proposta às duas estudantes: agora vocês não vão mais continuar a jogar, mas, juntas, encontrar todas as possibilidades como o jogo poderá se desenrolar a partir do 1º movimento, até que chegue ao final com vitória de Ana ou vitória de Bia ou empate.

Vou começar por ajudá-las, e depois vocês mesmo continuam, pois tenho a convicção de que farão exatamente como tem de ser feito.

Vamos lá: Primeiramente, eis a situação de jogo após o 1º movimento, feito por Ana, como mostra-nos a Figura 51, a seguir:

1ºmov.

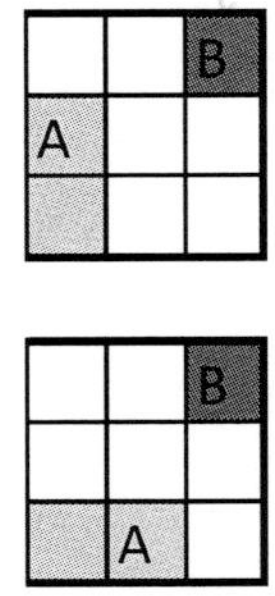

Figura 51: Situação no jogo "Grelha Quadrada 3 x 3" – Versão A, após o 1º movimento.

Fonte: o autor.

Como foi Ana quem fez o 1º movimento do jogo, o próximo movimento deverá ser feito pela Bia.

Então, eu começo perguntando à Bia: quais movimentos com a sua "tampinha" você poderá fazer no 2º movimento, considerando cada uma das duas possibilidades deixadas por Ana?

E ela responde: na primeira situação, horizontalmente para a esquerda e na segunda situação, verticalmente para baixo.

A Figura 52, a seguir, mostra-nos os 2 possíveis movimentos que Bia poderá realizar o 2º movimento de jogo, para cada situação anterior:

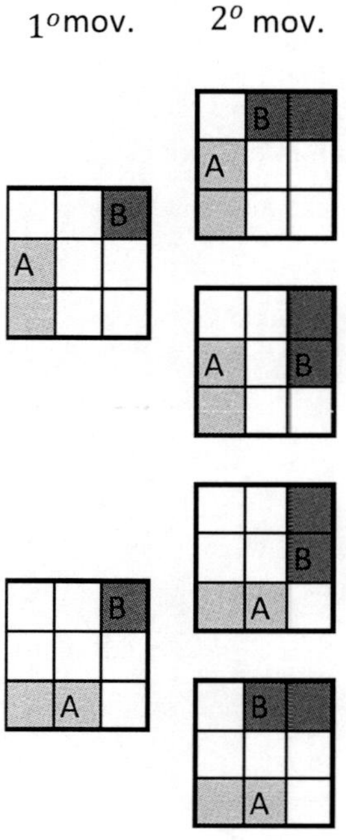

Figura 52: Situação no jogo "Grelha Quadrada 3 x 3" – Versão A, após o 2º movimento. Fonte: o autor.

Agora é a sua vez, Ana. Para cada uma dessas 4 possibilidades de movimentação da "tampinha" de cor azul, de Bia, que movimentações você poderá realizar com a sua "tampinha" de cor amarela no 3º movimento?

E ela responde: em duas situações eu já sou vencedora no 3º movimento e nas demais, verticalmente para cima ou horizontalmente para a direita.

A Figura 53, a seguir, mostra-nos os possíveis movimentos que Ana poderá realizar para cada uma das situações que podem ser deixadas pelas posições da "tampinha" de cor azul de Bia:

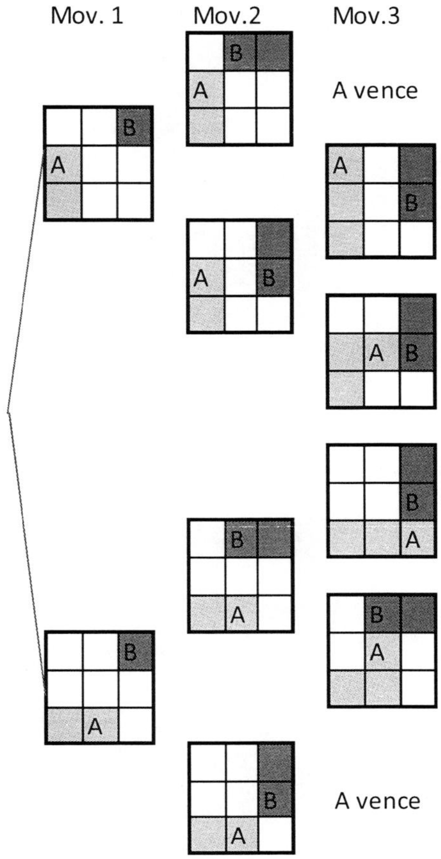

Figura 53: Situação no jogo "Grelha Quadrada 3 x 3" – Versão A, após o 3º movimento. Fonte: o autor.

Observe que, em 2 possibilidades a jogadora Ana é vencedora, em apenas 3 movimentos do jogo.

Bem, agora vocês podem continuar construindo o diagrama de árvore para o problema. Mas não esqueçam que, segundo a 4ª regra do jogo, o número máximo de movimentos é 8. "Mãos à obra", meninas.

Professor, vamos apresentar todo o diagrama de árvore, Figura 54, a seguir, apenas para permitir que sejam feitas algumas perguntas, em prosseguimento. Por favor, não mostre aos alunos o diagrama de árvore completo antes que eles tenham tentado fazer sozinhos, apresentando todas as possibilidades. Obrigado.

Eis o diagrama de árvore completo:

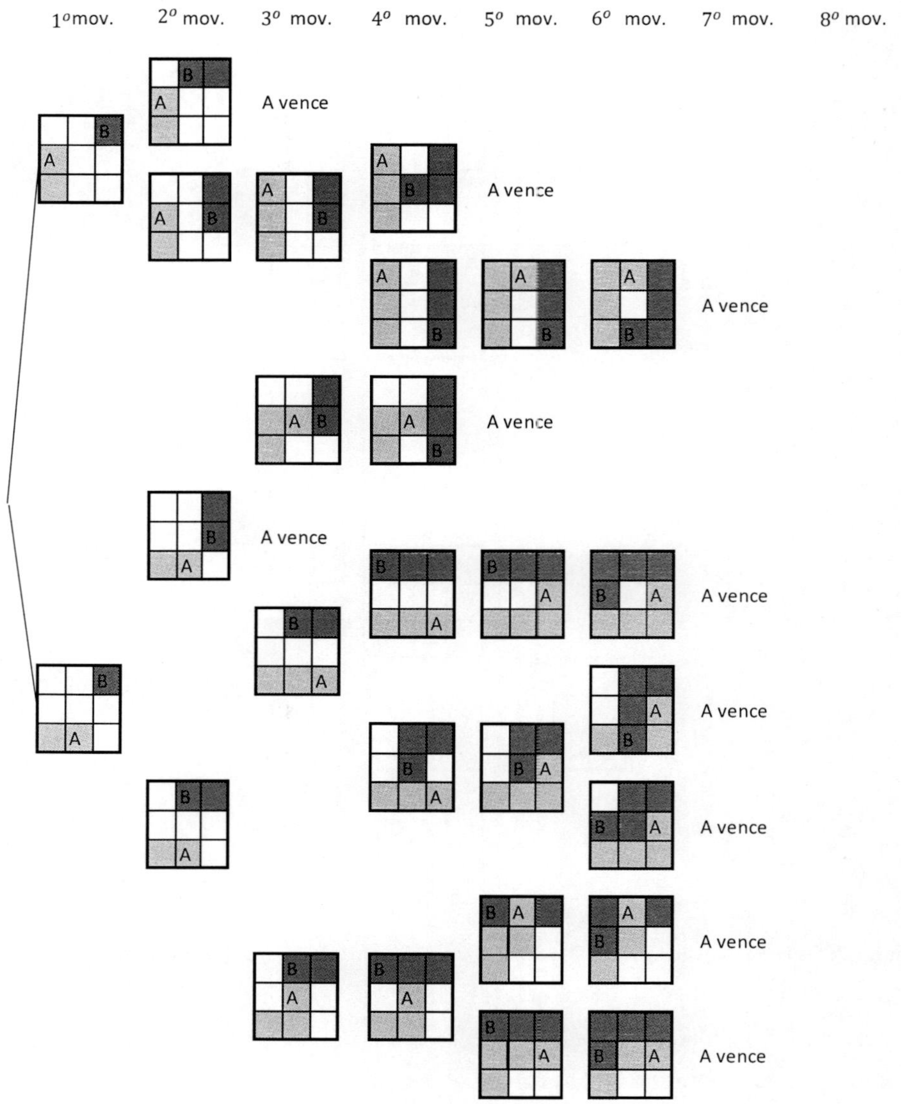

Figura 54: Diagrama de árvore completo no jogo "Grelha Quadrada 3 x 3" – Versão A. Fonte: o autor.

Observe que nas 10 possibilidades possíveis de desenvolvimento do jogo a jogadora Ana é vencedora, em todas elas. Em 6 possibilidades ela só consegue a vitória após o 7º movimento, o seu último movimento no jogo. Assim, com as regras que foram estabelecidas, Ana é vencedora em todas as 10 possibilidades de jogo enquanto Bia não é vencedora em nenhuma possibilidade, nem ocorre empate nesse jogo.

Por conta disso: apenas vitória para Ana, que inicia jogando, será preciso modificar uma ou mais regras da Versão A do jogo de modo a torná-lo mais atrativo para os alunos. É o que faremos, propondo o próximo jogo: "Jogo da Grelha Quadrada 3 x 3 – Versão B".

Uma vez que a visualização das possibilidades no diagrama de árvore nem sempre é confortável, para este problema, devido ao grande número de possibilidades e o fato de em alguns movimentos de "tampinhas" haver superposição da cor amarela sobre a cor azul e vice-versa, sem que haja captura de "tampinha", sugerimos que uma outra representação possa ser utilizada.

Por exemplo, considere a situação em que A vence, como representada no tabuleiro a seguir, levando em conta uma numeração para os 9 quadrados:

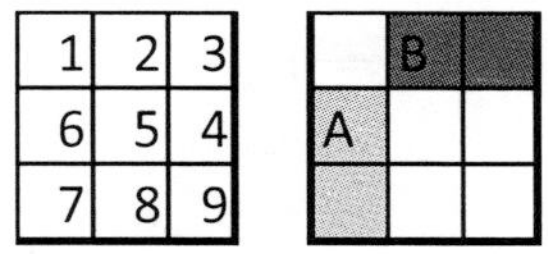

Figura 55: Tabuleiro de jogo "Grelha Quadrada 3 x 3" – Versão A com a numeração dos quadrados e situação de jogo após o 2º movimento. Fonte: o autor.

Uma possibilidade de representação poderia ser assim: $\begin{pmatrix} A: 7,6,2 \\ B: 3,2 \end{pmatrix}$

Neste exemplo, o jogador A é o vencedor. Observe que:

- O jogador A é vencedor se o seu último movimento é 3 ou se os dois últimos lançamentos mostrarem valores iguais antes que o jogo tenha chegado ao 8º movimento;
- O jogador B é vencedor se o seu último movimento é 7, situação essa que não ocorre neste jogo, com as regras que foram estabelecidas e,
- Ocorreria empate se os valores dos últimos movimentos apontassem valores diferentes, após o 8º movimento. Neste caso de empate, haveria igual quantitativo de registros para os dois jogadores (limitado à quantidade de 8 movimentos, conforme a 4ª regra do jogo), e os últimos valores não coincidiriam. Mas, como vimos, essa situação não ocorre neste jogo, com as regras que foram estabelecidas.

Em seguida, vamos mostrar todos os resultados que podem ser obtidos no jogo por meio dessa representação;

- Vitória de Ana após o 3º movimento: $\begin{pmatrix} A: 7,6,2 \\ B: 3,2 \end{pmatrix}$ ou $\begin{pmatrix} A: 7,8,4 \\ B: 3,4 \end{pmatrix}$;
- Vitória de Ana após o 5º movimento:

$$\begin{pmatrix} A: 7,6,1,5 \\ B: 3,4,5 \end{pmatrix} \text{ ou } \begin{pmatrix} A: 7,6,5,9 \\ B: 3,4,9 \end{pmatrix};$$

- Vitória de Ana após o 7º movimento:

$$\begin{pmatrix} A: 7,6,1,2,3 \\ B: 3,4,9,8 \end{pmatrix} \text{ ou } \begin{pmatrix} A: 7,8,9,4,3 \\ B: 3,2,1,6 \end{pmatrix} \text{ ou}$$

$$\begin{pmatrix} A: 7,\ 8,\ 9,\ 4,3 \\ B: 3,2,5,8 \end{pmatrix} \text{ ou } \begin{pmatrix} A: 7,\ 8,\ 9,4,3 \\ B: 3,2,5,6 \end{pmatrix} \text{ ou } \begin{pmatrix} A: 7,6,5,2,3 \\ B: 3,2,1,6 \end{pmatrix} \text{ ou } \begin{pmatrix} A: 7,6,5,4,3 \\ B: 3,2,1,6 \end{pmatrix}.$$

(a) Determine a probabilidade para cada um dos 10 eventos elementares mostrados no diagrama de árvore acima e, também, como eles estão apresentados nas representações a seguir:

$$E_1 = \{\begin{pmatrix} A: 7,6,2 \\ B: 3,2 \end{pmatrix}\};\ E_2 = \{\begin{pmatrix} A: 7,8,4 \\ B: 3,4 \end{pmatrix}\};\ E_3 = \{\begin{pmatrix} A: 7,6,1,5 \\ B: 3,4,5 \end{pmatrix}\};\ E_4 = \{\begin{pmatrix} A: 7,6,5,9 \\ B: 3,4,9 \end{pmatrix}\};$$

$$E_5 = \{\begin{pmatrix} A: 7,6,1,2,3 \\ B: 3,4,9,8 \end{pmatrix}\};\ E_6 = \{\begin{pmatrix} A: 7,8,9,4,3 \\ B: 3,2,1,6 \end{pmatrix}\};\ E_7 = \{\begin{pmatrix} A: 7,\ 8,\ 9,\ 4,3 \\ B: 3,2,5,8 \end{pmatrix}\};$$

$$E_8 = \{\begin{pmatrix} A: 7,\ 8,\ 9,4,3 \\ B: 3,2,5,6 \end{pmatrix}\};\ E_9 = \{\begin{pmatrix} A: 7,6,5,2,3 \\ B: 3,2,1,6 \end{pmatrix}\};\ E_{10} = \{\begin{pmatrix} A: 7,6,5,4,3 \\ B: 3,2,1,6 \end{pmatrix}\}.$$

Como exemplo, vamos determinar a probabilidade do evento $E_1 = \{\begin{pmatrix} A: 7, 6, 2 \\ B: 3, 2 \end{pmatrix}\}$;

p(E_1) = 1/2 (o jogador A movimenta a sua "tampinha" do quadrado 7 para o quadrado 6, mas teria outra possibilidade de movimentação: do quadrado 7 para o quadrado 8) x 1/2 (o jogador B movimenta a sua "tampinha" do quadrado 3 para o quadrado 2, mas teria outra possibilidade de movimentação: do quadrado 3 para o quadrado 4) x 1 (evento certo: o jogador A movimenta a sua "tampinha" do quadrado 6 para o quadrado 2) = 1/2 x 1/2 x 1 = 1/4.

Como outro exemplo, vamos determinar a probabilidade do evento $E_8 = \{\begin{pmatrix} A: 7, 8, 9, 4, 3 \\ B: 3, 2, 5, 6 \end{pmatrix}\}$;

p(E_{10}) = 1/2 (o jogador A movimenta a sua "tampinha" do quadrado 7 para o quadrado 8, mas teria outra possibilidade de movimentação: do quadrado 7 para o quadrado 6) x 1/2 (o jogador B movimenta a sua "tampinha" do quadrado 3 para o quadrado 2, mas teria outra possibilidade de movimentação: do quadrado 3 para o quadrado 4) X 1/2 (o jogador A movimenta a sua "tampinha" do quadrado 8 para o quadrado 9, mas teria outra possibilidade de movimentação: do quadrado 5 para o quadrado 8) x 1/2 (o jogador B movimenta a sua "tampinha" do quadrado 2 para o quadrado 5, mas teria outra possibilidade de movimentação: do quadrado 2 para o quadrado 1) X 1 (evento certo: o jogador A movimenta a sua "tampinha" do quadrado 9 para o quadrado 4) x 1/2 (o jogador B movimenta a sua "tampinha" do quadrado 5 para o quadrado 6, mas teria outra possibilidade de movimentação: do quadrado 5 para o quadrado 8) x 1 (evento certo: o jogador A movimenta a sua "tampinha" do quadrado 4 para o quadrado 3) = 1/2 x 1/2 x 1/2 x 1/2 x 1 x 1/2 x 1 = 1/32.

Calcule as outras 8 probabilidades.

Ao final do cálculo de todas as 10 probabilidades - dos 10 eventos elementares - não se esqueça de certificar de que a soma das probabilidades é igual a 1, como deve ser.

Ou seja: p(E_1) + p(E_2) + p(E_3) + ... + p(E_{10}) = 1.

(b) Segundo as regras estabelecidas este Espaço Amostral é equiprovável? Explique.

(c) Segundo as regras estabelecidas, qual a probabilidade de Ana vencer o jogo?

(d) Segundo as regras estabelecidas, qual a probabilidade de Bia vencer o jogo?

(e) Segundo as regras estabelecidas, qual a probabilidade de ocorrer empate?

1.22 Jogo XXI

Jogo "Grelha Quadrada 3 x 3" – Versão B"

I. Material a ser disponibilizado para uso durante o desenrolar do jogo

O jogo utiliza um tabuleiro quadrado 3 x 3 (três quadrados menores dispostos no sentido horizontal por 3 quadrados menores dispostos no sentido vertical, totalizando 3 x 3 = 9 quadrados menores), denominado por "Grelha Quadrada 3 x 3". A Figura 57, a seguir, mostra-nos um tabuleiro de jogo:

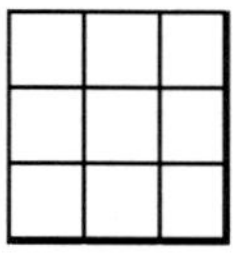

Figura 56: Tabuleiro do jogo "Grelha Quadrada 3 x 3 – Versão B". Fonte: o autor.

Para realizar os movimentos sobre o tabuleiro, são utilizadas 2 "tampinhas de garrafa pet": uma na cor amarela, para o jogador indicado por A, e outra na cor azul, para o jogador indicado por B, como mostra-nos a Figura 57, a seguir.

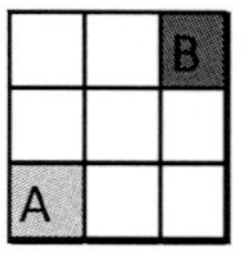

Figura 57: Tabuleiro do jogo "Grelha Quadrada 3 x 3 – Versão B", mostrando as posições iniciais. Fonte: o autor.

De modo a facilitar a comprovação da movimentação das "tampinhas de garrafa pet" durante o desenrolar do jogo até o seu desfecho, ou para identificar o prosseguimento do jogo em caso de alguma interrupção, sugerimos o uso de canetas nas cores amarela e azul e a reprodução dos movimentos das "tampinhas de garrafa pet" em um tabuleiro desenhado em uma folha de papel a parte, onde as pinturas deverão ser feitas, como mostra-nos a Figura 58, a seguir.

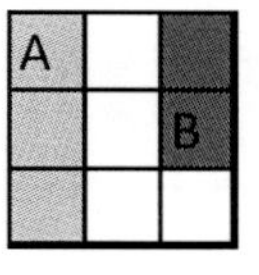

Figura 58: Tabuleiro do jogo "Grelha Quadrada 3 x 3 – Versão B", mostrando os 3 primeiros movimentos de um jogo - Fonte: o autor.

A Figura 58, acima, aponta que o jogo foi interrompido após o 3° movimento das "tampinhas de garrafa pet". Também, que o jogador A ("tampinha" de cor amarela) foi o último a jogar. Portanto, quando o jogo for reiniciado o jogador B ("tampinha" de cor azul) será o jogador a movimentar a sua "tampinha de garrafa pet".

II. Objetivos

Trata-se de um jogo entre 2 oponentes: A e B.

O jogador que vai dar início ao jogo será decidido por meio de uma disputa tipo "par ou ímpar". O jogador vencedor dessa disputa deve colocar sua "tampinha de garrafa pet" no quadrado localizado no canto inferior à esquerda e o seu oponente deve colocar a sua "tampinha de garrafa pet" no quadrado localizado no canto superior à direita.

A Figura 59, a seguir, mostra-nos a disposição das "tampinhas" antes de o jogo ser iniciado, considerando que o jogador A tenha sido o vencedor da disputa "par ou ímpar".

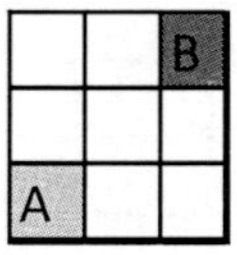

Figura 59: Tabuleiro do jogo "Grelha Quadrada 3 x 3 – Versão B", mostrando as posições iniciais - Fonte: o autor.

O objetivo principal de cada jogador é o de conseguir posicionar sua "tampinha" na posição de partida do seu oponente quando do início do jogo, isto é: o objetivo do jogador A é o de colocar sua "tampinha" no quadrado pintado de azul e o objetivo do jogador B é o de colocar sua "tampinha" no quadrado de cor amarela, segundo a Figura 59.

Para atender a este objetivo será preciso que o jogador obedeça certas regras do jogo, que serão apresentadas em prosseguimento.

Outros objetivos também serão vistos, em prosseguimento.

III. Regras do jogo

1ª regra: Conforme mostra a Figura 60, a seguir:

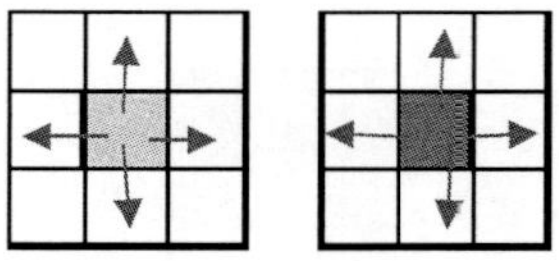

Figura 60: Movimentos permitidos no Tabuleiro do jogo "Grelha Quadrada 3 x 3 – Versão B", para uma "tampinha" presente no quadrado central do tabuleiro. Fonte: o autor.

- O jogador A pode movimentar sua "tampinha" em 3 dentre as 4 posições mostradas na Figura 60, acima, uma posição por vez, apenas quando a "tampinha" estiver posicionada no quadrado central do tabuleiro - uma vez que não pode retornar ao quadrado de onde saiu na jogada anterior para chegar até o quadrado central.

Em relação aos demais quadrados do tabuleiro a "tampinha" pode ser movimentada na posição vertical, uma posição por vez, não sendo permitido retornar à posição ocupada na jogada anterior. Também pode movimentar sua "tampinha" na posição horizontal, uma posição por vez, somente para a direita;

- O jogador B pode movimentar sua "tampinha" em 3 dentre as 4 posições mostradas na Figura 60, acima, uma posição por vez, apenas quando a "tampinha" estiver posicionada no quadrado central do tabuleiro - uma vez que não pode retornar ao quadrado de onde saiu na jogada anterior para chegar até o quadrado central.

Em relação aos demais quadrados do tabuleiro a "tampinha" pode ser movimentada na posição vertical, uma posição por vez, não sendo permitido retornar à posição ocupada na jogada anterior. Também pode movimentar sua "tampinha" na posição horizontal, uma posição por vez, somente para a esquerda.

2ª regra:

Sempre que um jogador estiver com a sua "tampinha" junto ao quadrado inicial do seu oponente é obrigatório que finalize a disputa. Ou seja, um jogador não poderá fazer nenhum outro movimento que não este.

3ª regra:

O movimento das "tampinhas" durante o desenrolar do jogo não poderá ultrapassar o limite máximo de 8 movimentos. Ou seja, cada um dos jogadores poderá movimentar sua "tampinha", no máximo por 4 vezes no tabuleiro.

Assim, quando o jogador B fizer o 8º movimento o jogo estará encerrado. Se, após o 8º movimento, o jogador B não conseguir colocar sua "tampinha" na posição inicial do jogador A o jogo será finalizado, estando configurado o empate. Portanto, qualquer resultado será computado ao final do 8º movimento.

IV. Objetivo pedagógico do jogo

Sugerimos que sejam disputadas pelo menos 4 rodadas para este jogo, entre os mesmos jogadores, com alternância do jogador que vai iniciar jogando, de modo que após essas rodadas elas tenham servido de base para reflexões pessoais e/ou coletivas dos 2 jogadores e de alunos da turma.

Após este momento, espera-se que os jogadores reúnam condições para avaliarem a existência ou não de uma "estratégia ganhadora", se for o caso.

A restrição em relação ao número máximo de 8 movimentos tem 2 razões:

- A primeira razão é a de permitir que o jogo não se estenda por muitos movimentos, tornando-se cansativo e desinteressante pelos alunos.
- A segunda razão tem a ver com a resolução de problemas combinatórios associados ao jogo - que serão sugeridos aos professores, em prosseguimento - de modo que avaliem a viabilidade/possibilidade de propor aos seus alunos. Tal razão vai ao encontro de encurtar as resoluções de alguns desses problemas, permitindo o exercício do raciocínio combinatório durante a construção de diagramas de árvore e de chegar à listagem de todas as possibilidades como o jogo poderá se desenrolar a partir de um determinado momento do jogo.

O objetivo pedagógico do jogo é o de oportunizar aos jogadores reflexões acerca do estabelecimento de uma "estratégia ganhadora" que possa ser posta em prática, se for o caso, enquanto vão sendo explorados alguns conceitos de Combinatória e de Probabilidade.

Assim, de modo a facilitar o estabelecimento de uma "estratégia ganhadora", se for o caso, alguns problemas serão propostos aos alunos.

Além do mais, se espera que cada jogador se comporte como um jogador proativo, ou seja, um jogador que deseja vencer o jogo.

Para resolver os problemas sugerimos recorrer à construção de diagramas de árvore, com o propósito de identificar todas (ou algumas) possibilidades que o rumo do jogo poderá tomar. Está aí o primeiro conhecimento básico de Combinatória oriundo do jogo: a construção de diagramas de árvore.

Uma vez construído o diagrama de árvore, por completo, todos os resultados de jogo serão conhecidos. Por sua vez, cada um destes resultados pode ser alcançado pelos jogadores conforme seja o desenrolar do jogo.

Cada uma das possibilidades (cada ramo do diagrama de árvore) é considerada um evento elementar no universo do espaço amostral do experimento aleatório associado aos resultados do jogo.

Cabe, então, perguntar:

- Segundo as regras estabelecidas, quantas possibilidades dão vitória ao jogador A?
- Qual a probabilidade de o jogador A vencer o jogo?
- Segundo as regras estabelecidas, quantas possibilidades dão vitória ao jogador B?
- Qual a probabilidade de o jogador B vencer o jogo? ou
- Segundo as regras estabelecidas, em quantas possibilidades ocorre empate nesse jogo?
- Qual a probabilidade de ocorrer empate neste jogo?

Considerando as regras estabelecidas para este jogo; o fato de a jogadora Ana começar jogando e o contexto da Teoria das Probabilidades, vamos confirmar mais adiante que em relação ao evento = {Ana vence o jogo} trata- se de um evento não impossível e não certo, isto é, probabilidade não nula, menor que 1.

O mesmo ocorre em relação ao evento = {Bia vence o jogo}. Trata-se de um evento não impossível e não certo, isto é, probabilidade não nula, menor que 1, que também será confirmado mais adiante. Igualmente, em relação ao evento = {O jogo termina em empate}, trata-se de um evento que não é impossível e não é certo.

Após 4 rodadas em disputa (com alternância em relação ao jogador que inicia jogando), se espera que a experiência cumulada pelos dois jogadores os ajude a refletir acerca da importância e necessidade de estabelecer uma "estratégia ganhadora", se for o caso.

Ou seja, é importante que cada jogador pense a respeito de vir a estabelecer uma "estratégia ganhadora", se ela existir, de modo que sempre possa vencer o jogo.

Também espera-se que cada jogador aproprie-se dos conceitos da Análise Combinatória presentes durante as ações necessárias ao desenrolar do jogo.

Podemos dizer que o jogo é, por assim dizer, um disparador do ensino-aprendizagem de alguns conceitos de Análise Combinatória e de Probabilidade.

Os objetivos pedagógicos do jogo são que os jogadores exercitem o raciocínio combinatório enquanto aprendem a construir um diagrama de árvore; se apropriem de novos conhecimentos, próprios da Análise Combinatória e, se for o caso, busquem encontrar uma "estratégia ganhadora" para o jogo.

Portanto, não se trata de um simples jogo que se joga por jogar; uma diversão, mas de um jogo que contém desafios a serem alcançados pelos jogadores. Um deles é o de verificar a possibilidade de estabelecer uma "estratégia ganhadora", se for o caso.

Ademais, necessário se faz que os jogadores reflitam e decidam quanto ao jogo ser um jogo de sorte/azar ou um jogo de estratégia.

Também se faz necessário que os jogadores decidam em relação ao jogo ser um "Jogo Combinatório" ou não.

V. Organização dos alunos em sala

Os participantes podem participar do jogo tanto de modo individual (um jogador contra o outro jogador) quanto em grupos menores - desde que todos os membros do grupo estejam imbuídos do propósito de descobrirem uma estratégia para vencer o jogo, se for o caso.

Também será preciso que os jogadores pensem em relação à questão de o oponente vir a conseguir estabelecer uma estratégia capaz de neutralizar a sua estratégia - supostamente uma estratégia ganhadora - em algum momento do jogo.

Por conta das reflexões que os alunos venham a fazer, esperamos que eles pensem a respeito de, uma vez que uma "estratégia de jogo" tenha sido descoberta, será preciso que ela seja testada para se certificarem de ser ela uma "estratégia ganhadora" ou ser uma "estratégia que funciona, mas dependente das ações do oponente".

Uma vez que uma "estratégia de jogo" tenha sido testada (ganhadora ou não), ao menos por 3 (três) rodadas, uma questão se apresenta e precisa ser respondida:

Se for o caso de considerar a estratégia estabelecida como "estratégia ganhadora" ou "estratégia que funciona, mas dependente das ações do oponente", será preciso lançar mão de algum expediente de jogo para que o oponente não tenha condições de neutralizar essa "estratégia"?

VI. Alunos comunicando a aprendizagem

Recomendamos ao professor que oportunize aos alunos a possibilidade de eles mostrarem o que aprenderam com o jogo. Para tal, o professor pode promover reflexões e discussões conjuntas a esse respeito e pedir que eles escrevam sobre o que aprenderam com o jogo.

VI. Explorando alguns possíveis problemas de Combinatória associados com o jogo

Uma vez que os alunos conheçam bem as "Regras do Jogo" após terem jogado por algumas rodadas, o professor pode propor problemas relacionados com o jogo.

Em prosseguimento, sugerimos alguns problemas:

Problema 1: Ana (A) e Bia (B) estão jogando o jogo **"Grelha Quadrada 3 x 3" – Versão B** pela terceira vez - com vitória para Ana nas duas primeiras rodadas - quando a professora Carla chega junto à mesa onde elas estão, observa a disposição das "tampinhas de garrafa pet" sobre o tabuleiro após os 4 primeiros movimentos das "tampinhas"; as anotações que fizeram no desenho do tabuleiro em papel, e faz a seguinte proposta às duas estudantes: agora vocês não vão mais continuar a jogar, mas, juntas, encontrar todas as possibilidades como o jogo poderá se desenrolar a partir do 4º movimento até que ele chegue ao final, com a vitória para Ana ou a vitória para Bia ou empate.

Eis a configuração do jogo após o 4º movimento, movimento que foi feito por Bia, mostrado na Figura 61, a seguir:

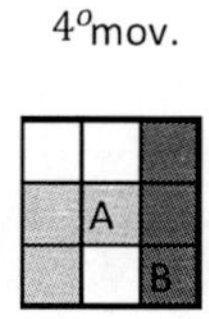

Figura 61: Configuração do jogo "Grelha Quadrada 3 x 3" – Versão B, após o 4º movimento - Fonte: o autor.

A professora Carla continua: vou começar por ajudá-las e depois vocês continuam fazendo, pois eu tenho a convicção de que vocês farão exatamente como tem de ser feito. Vamos lá meninas:

Primeiramente, eis a situação de jogo no 5º movimento, como mostrado na Figura 62, a seguir, com os possíveis movimentos que podem ser feitos por Ana: horizontalmente para a direita (não é possível movimentar a "tampinha" horizontalmente para a esquerda, pois na jogada anterior a "tampinha" estava neste quadrado) e verticalmente: para cima ou para baixo:

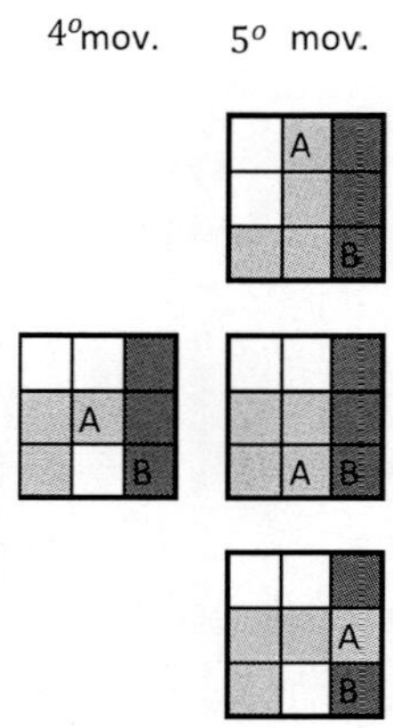

Figura 62: Configuração do jogo "Grelha Quadrada 3 x 3" – Versão B, após o 5º movimento. Fonte: o autor.

Como foi a Ana que fez o 5º movimento do jogo, o próximo movimento deverá ser feito por Bia. Eu começo, então, perguntando à Bia: Considerando as possibilidades que podem ser deixadas por Ana por ocasião do 5º movimento de jogo, quais movimentos você poderá fazer com sua "tampinha" no 6º movimento?

E Bia responde: eu só posso movimentar minha "tampinha" no sentido horizontal para a esquerda, uma vez que não posso retornar ao quadrado onde minha "tampinha" já esteve colocada.

A Figura 63, a seguir, mostra-nos os possíveis movimentos que Bia pode realizar no 6º movimento de jogo: horizontalmente para a esquerda: na 1ª e na 3ª situação. Na 2ª situação eu não posso movimentar minha "tampinha", pois a "tampinha" do meu oponente me impede de fazer este movimento. Esta situação caracteriza decretar um empate.

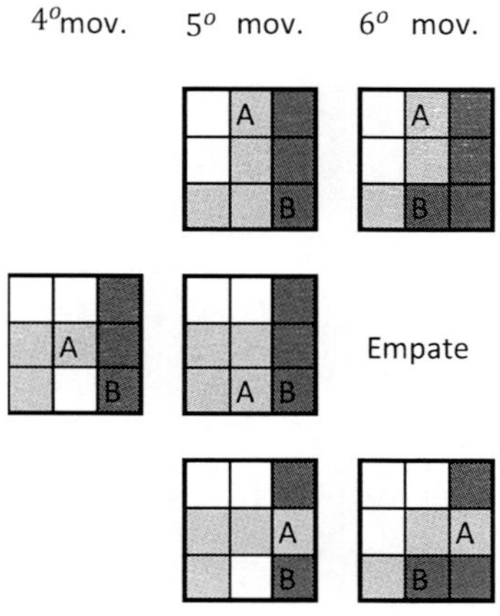

Figura 63: Situações possíveis no jogo "Grelha Quadrada 3 x 3" – Versão B, após o 6º movimento. Fonte: o autor.

Agora é a sua vez, Ana. Lembre-se que estes movimentos são os seus últimos movimentos de jogo para as duas possíveis situações deixadas por Bia.

Assim, eu te pergunto: Para as possibilidades de movimentação da "tampinha" de cor azul de Bia, quais movimentações você pode realizar com sua "tampinha" de cor amarela, por ocasião do 7º movimento?

E Ana responde: eu devo movimentar minha "tampinha" para a posição inicial que Bia iniciou o jogo tanto na 1ª quanto na 3ª situação de jogo, de modo a respeitar a 3ª regra do jogo. E, ao fazer isso, nestas duas situações eu já serei a vencedora desta partida neste 7º movimento, e o jogo termina sem que eu permita à Bia poder fazer o seu derradeiro movimento.

A Figura 64, a seguir, mostra-nos os 2 únicos movimentos possíveis que Ana pode realizar por ocasião do 7º movimento de jogo, para as situações de jogo que foram deixadas pelas posições da "tampinha" de cor azul, de Bia:

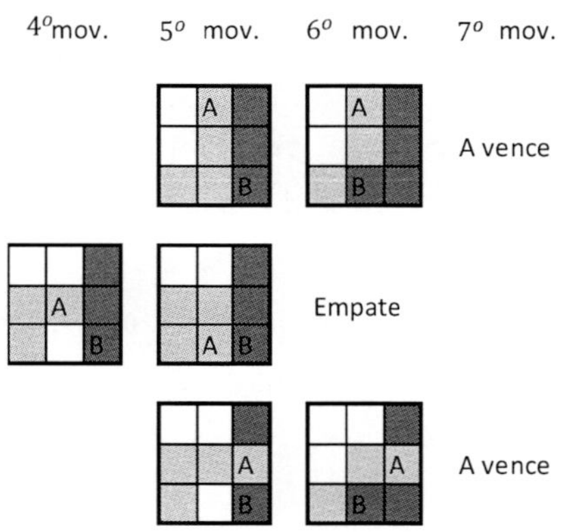

Figura 64: Situações possíveis no jogo "Grelha Quadrada 3 x 3" – Versão B, após o 7º movimento. Fonte: o autor.

Observe que a jogadora Ana vence o jogo no 7º movimento em 2 oportunidades (o seu último movimento possível realizar no jogo). A jogadora Bia não vence o jogo, e ocorre empate em uma única oportunidade.

A Figura 65, a seguir, mostra-nos o diagrama de árvore completo, a partir do 4º movimento de jogo:

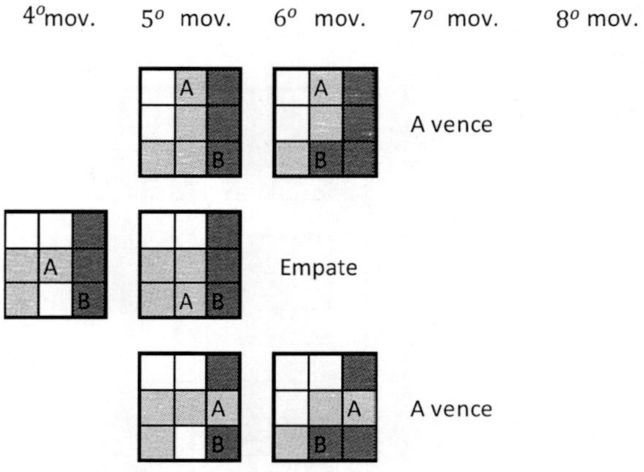

Figura 65: Situações possíveis no jogo "Grelha Quadrada 3 x 3" – Versão B. após o 8° movimento e desde o 4º movimento. Fonte: o autor.

Portanto, em uma disputa de jogo (no caso de ao final do 4º movimento haver a distribuição das "tampinhas" conforme foi mostrado) Ana vence a partida sem que Bia tenha chance alguma de vencer.

Segundo as regras que foram estabelecidas para esta Versão B, do jogo Grelha Quadrada 3 x 3, será que sempre ocorre a vitória de Ana em todas as possibilidades de jogo?

Professor, dê aos alunos as orientações iniciais, deixe-os pensarem a respeito, por um tempo razoável, observe as reações e discussões e deixe-os tentar completar o diagrama de árvore para uma outra situação de jogo, possivelmente após o 5º movimento de jogo.

Assim, pedimos que não mostre os diagramas de árvore acima e da nova situação que você vai propor aos seus alunos, antes que eles tentem fazer sozinhos. Obrigado.

Problema 2: Ana (A) e Bia (B) estão jogando o jogo **"Grelha Quadrada 3 x 3" - Versão B** pela terceira vez - com vitória para Ana nas duas primeiras rodadas - quando a professora Carla chega junto à mesa onde elas estão, observa a disposição das "tampinhas de garrafa pet" sobre o tabuleiro após os 4 primeiros movimentos das "tampinhas"; as anotações que fizeram no desenho do tabuleiro em papel, e faz a seguinte proposta às duas estudantes: agora vocês não vão mais continuar a jogar, mas, juntas, encontrar todas as possibilidades como o jogo poderá se desenrolar a partir do 1º movimento - que eu vou fazer, como se fosse a Ana que o estivesse fazendo - até que o jogo chegue ao final, com vitória (s) de Ana ou vitória (s) de Bia ou empate (s).

Vou começar por ajudá-las e depois vocês mesmo continuam, pois tenho a convicção de que farão exatamente como tem de ser feito. Vamos lá:

Primeiramente, eis a situação de jogo após o 1º movimento, feito por Ana, como mostra-nos a Figura 66, a seguir:

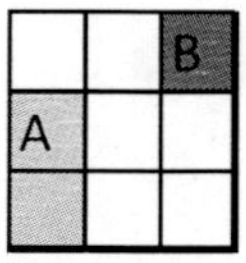

Figura 66: Situação no jogo "Grelha Quadrada 3 x 3" – Versão B, após o 1° movimento. Fonte: o autor.

Como foi Ana quem fez o 1º movimento do jogo, o próximo movimento deverá ser feito por Bia.

Então, eu começo perguntando à Bia: quais movimentos com a sua "tampinha" você poderá fazer no 2º movimento considerando a possibilidade de jogo que foi deixada por Ana?

E ela responde: posso movimentar no sentido horizontal, para a esquerda ou posso movimentar no sentido vertical, para baixo.

A Figura 67, a seguir, mostra-nos os 2 possíveis movimentos que Bia poderá realizar no 2º movimento de jogo, para a situação anterior:

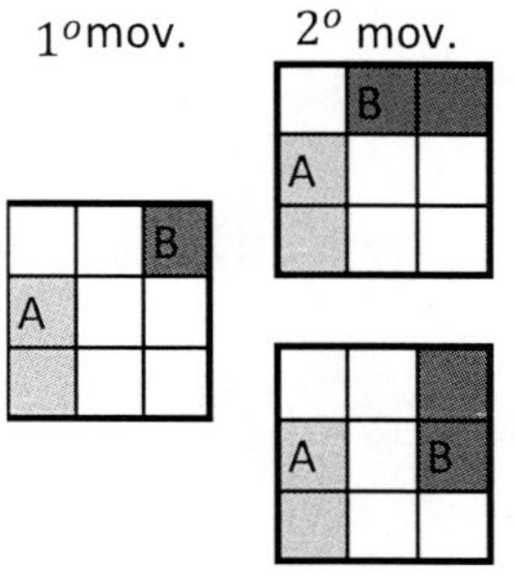

Figura 67: Situação no jogo "Grelha Quadrada 3 x 3" – Versão B, após o 2º movimento. Fonte: o autor.

Agora é a sua vez, Ana. Para cada uma das 2 possibilidades de movimentação da "tampinha" de cor azul de Bia, que movimentações você poderá realizar com a sua "tampinha" de cor amarela, no 3º movimento?

E ela responde: posso movimentar no sentido horizontal para a direita ou posso movimentar no sentido vertical para cima.

A Figura 68, a seguir, mostra-nos os possíveis movimentos que Ana poderá realizar no 3º movimento de jogo, para cada situação deixada por Bia na jogada anterior:

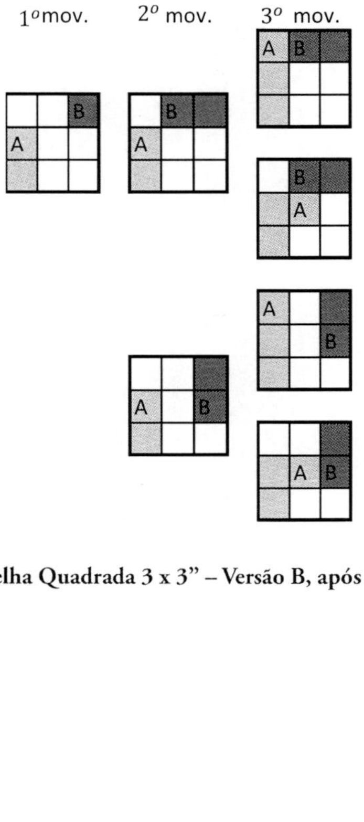

Figura 68: Situação no jogo "Grelha Quadrada 3 x 3" – Versão B, após o 3º movimento. Fonte: o autor.

Bem, agora vocês podem continuar construindo o diagrama de árvore para o problema até a sua conclusão. Não esqueçam que, segundo a 3ª regra do jogo, o número máximo de movimentos é 8. "Mãos à obra", meninas.

Professor, vamos apresentar todo o diagrama de árvore - para aquele primeiro movimento de jogo - apenas para permitir que sejam feitas algumas perguntas em prosseguimento.

Por favor, não mostre aos alunos o diagrama de árvore completo antes que eles tenham tentado fazer sozinhos, apresentando todas as possibilidades.

Após os alunos terem construído o diagrama de árvore completo do jogo, para aquele primeiro movimento de jogo, proponha que eles agora o façam a outra parte que falta para o segundo possível 1º movimento de jogo. Obrigado.

Por conta de o diagrama de árvore ser muito extenso, dividimos sua representação em duas partes. Eis o diagrama de árvore completo, conforme as Figuras 69 e 70, a seguir:

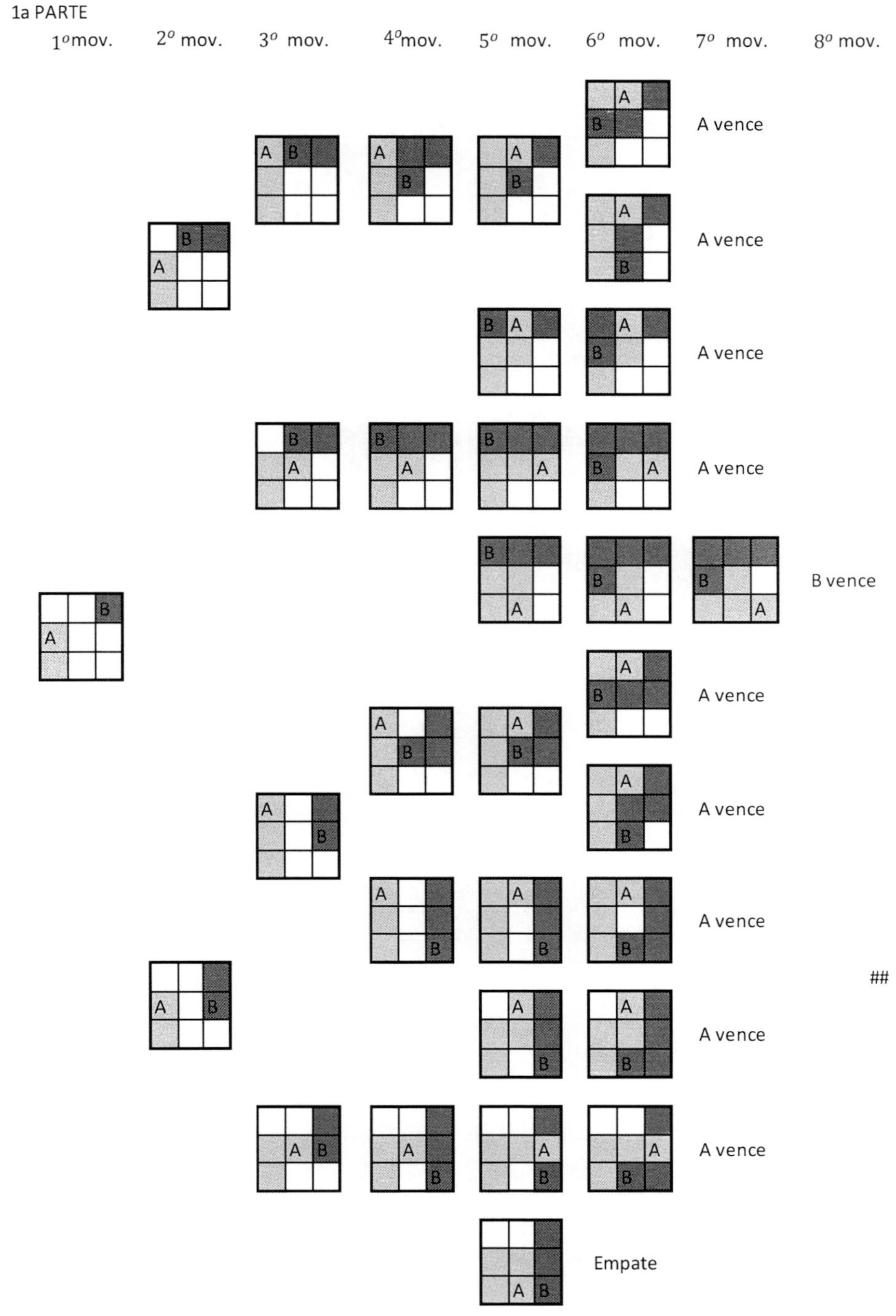

Figura 69: Diagrama de árvore, 1ª parte, do jogo "Grelha Quadrada 3 x 3" – Versão B. Fonte: o autor.

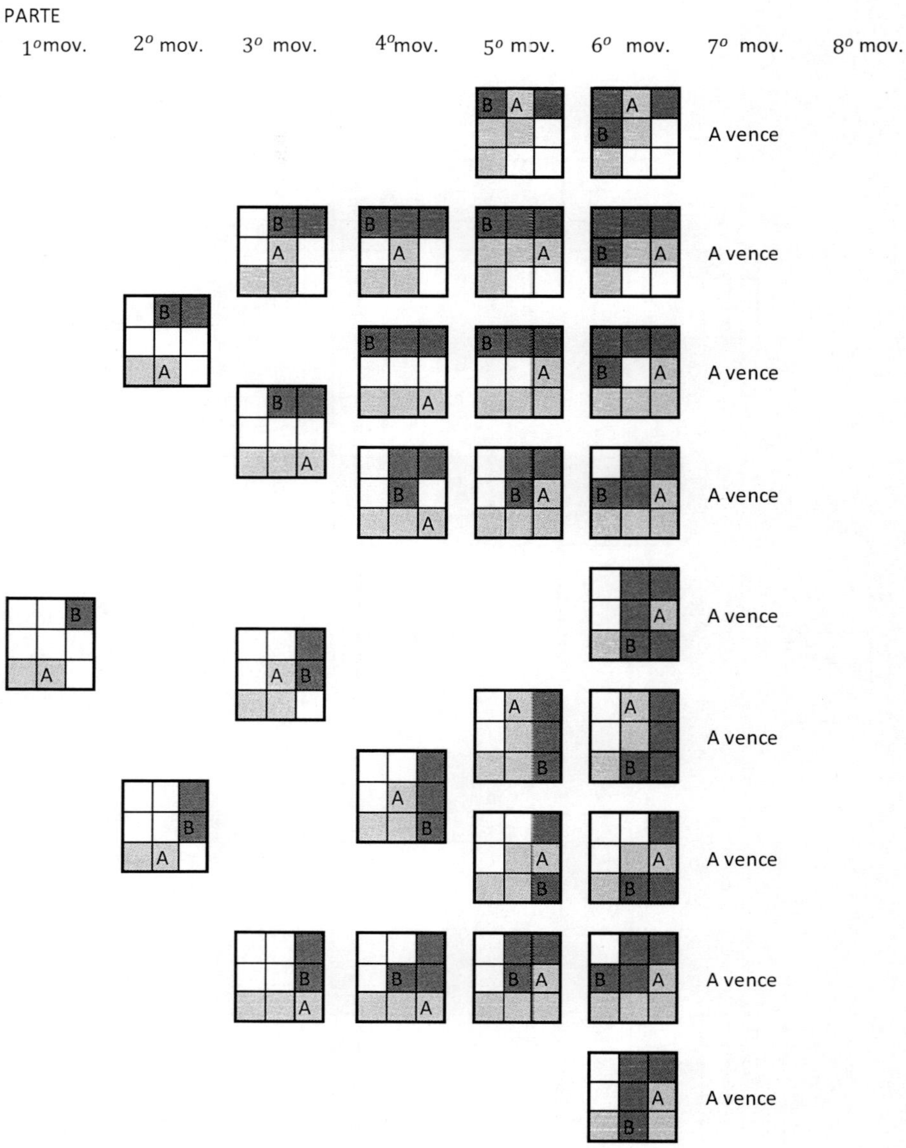

Figura 70: Diagrama de árvore, 2ª parte, do jogo "Grelha Quadrada 3 x 3" – Versão B. Fonte: o autor.

Observe que a jogadora Ana é vencedora em 17 possibilidades de desenvolvimento do jogo. Em apenas 1 (uma) possibilidade Bia é vencedora e em apenas uma possibilidade ocorre empate nesse jogo, segundo as regras estabelecidas.

Uma vez que a visualização de todas as possibilidades no diagrama de árvore nem sempre é confortável, para este problema, devido ao grande número de possibilidades e o fato de em alguns movimentos de "tampinhas" haver superposição da cor amarela sobre a cor azul, e vice-versa, sugerimos que uma outra representação possa ser utilizada.

Por exemplo, considere a situação em que B vence, como representada no tabuleiro a seguir.

Levando em conta uma numeração para os 9 quadrados, uma possibilidade de representação poderia ser feita assim: $\begin{pmatrix} A: 7,6,5,8,9,4 \\ B: 3,2,1,6.7 \end{pmatrix}$.

Esta representação permite acompanhar a movimentação da "tampinha" de cada jogador durante uma partida, conforme mostra-nos a Figura 71, a seguir, assim; o jogador A saiu do quadrado 7, movimentou para o quadrado 6 no 3º movimento, movimentou para o quadrado 5 no 5º movimento, etc.

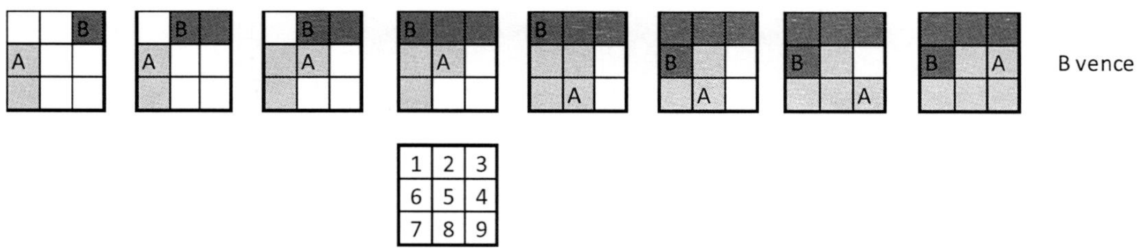

Figura 71: Tabuleiro do jogo "Grelha Quadrada 3 x 3" – Versão B com a numeração dos quadrados e situação de jogo após o 7º movimento, com vitória do jogador B. Fonte: o autor.

Neste exemplo, o jogador B é o vencedor.

Para quaisquer outras possibilidades de desenvolvimento do jogo, observe que:

- O jogador A é vencedor se o seu último movimento é 3, no 7º movimento;
- O jogador B é vencedor se o seu último movimento é 7, no 8º movimento, e
- Ocorre empate se, a exemplo do que nos mostra a Figura 72, a seguir, quando a representação $\begin{pmatrix} A: 7,6,5,8 \\ B: 3,4,9 \end{pmatrix}$ mostra valores de quadrados um defronte do outro, impedindo que um dos jogadores faça qualquer movimento válido com a sua "*tampinha*".

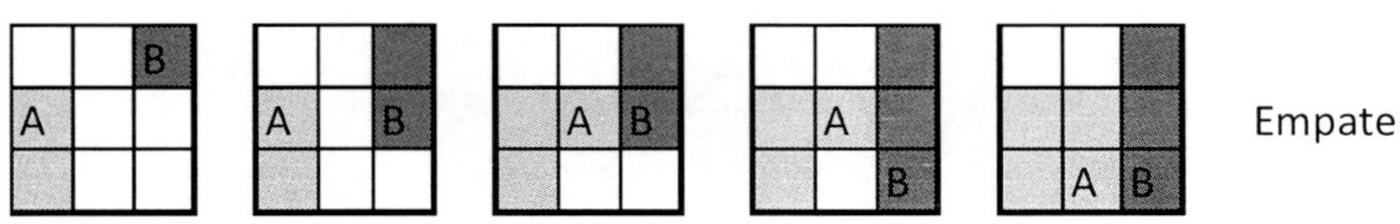

Figura 72: Tabuleiro do jogo "Grelha Quadrada 3 x 3" – Versão B com a situação de jogo mostrando a ocorrência de empate, no 5º movimento. Fonte: o autor.

(a) Mostre todos os resultados que podem ser obtidos no jogo, por meio dessa representação, considerando o diagrama de árvore apresentado acima, repartido em 2 partes.

Eis as vitórias de Ana:

Eis a vitória de Bia:

Eis a ocorrência de empate:

(b) Considere um experimento aleatório tal como foi apresentado no Jogo da "Grelha Quadrada 3 x 3 – Versão A", de modo a determinar a probabilidade para cada um dos 19 eventos elementares mostrados no diagrama de árvore acima.

Considere as regras que foram estabelecidas para esta Versão B e considere, também, como estes eventos foram apresentados nas representações que foram objeto das respostas ao item (a), para responder:

Segundo as regras estabelecidas, este Espaço Amostral é equiprovável? Explique.

(c) Segundo as regras estabelecidas, qual a probabilidade de Ana vencer o jogo?

(d) Segundo as regras estabelecidas, qual a probabilidade de Bia vencer o jogo?

(e) Segundo as regras estabelecidas, qual a probabilidade de ocorrer empate?

1.23 Jogo XXII

Jogo "Grelha Retangular 3 x 4"

I. Material a ser disponibilizado para uso durante o desenrolar do jogo

O jogo utiliza um tabuleiro quadrado 3 x 4 (três quadrados menores dispostos no sentido vertical, por 4 quadrados menores dispostos no sentido horizontal, totalizando 3 x 4 = 12 quadrados menores), denominado por *Grelha Retangular 3 x 4*.

Trata-se de um jogo entre 2 oponentes: A e B. Para realizar os movimentos sobre o tabuleiro são utilizadas 2 "tampinhas de garrafa pet": uma na cor amarela (para o jogador A) e outra na cor azul (para o jogador B).

De modo a facilitar comprovação de movimentação das "tampinhas de garrafa pet" durante o desenrolar do jogo até o seu desfecho, ou para identificar o prosseguimento do jogo em caso de alguma interrupção, sugerimos o uso de canetas nas cores amarela e azul e a reprodução dos movimentos das "tampinhas de garrafa pet" em um tabuleiro desenhado em uma folha de papel a parte onde as pinturas devem ser feitas.

O jogador que vai dar início ao jogo será decidido por meio de uma disputa tipo "par ou ímpar". O jogador vencedor dessa disputa deve colocar sua "tampinha de garrafa pet" no quadrado localizado no canto inferior à esquerda (ou canto superior à direita) e o seu oponente deverá colocar a sua "tampinha de garrafa pet" no quadrado localizado no canto superior à direita (ou canto inferior à esquerda), como mostrado na Figura 73, a seguir, que mostra a disposição das "tampinhas" antes de o jogo ser iniciado.

Para o restante do texto, considere que o jogador A foi o vencedor da disputa "par ou ímpar".

A Figura 73, abaixo, e mais à direita, aponta para um momento de jogo que foi interrompido após o 4° movimento.

Observe que o jogador A foi o último a jogar. Portanto, quando o jogo for reiniciado o jogador B será o jogador a movimentar sua "tampinha de garrafa pet" de cor azul.

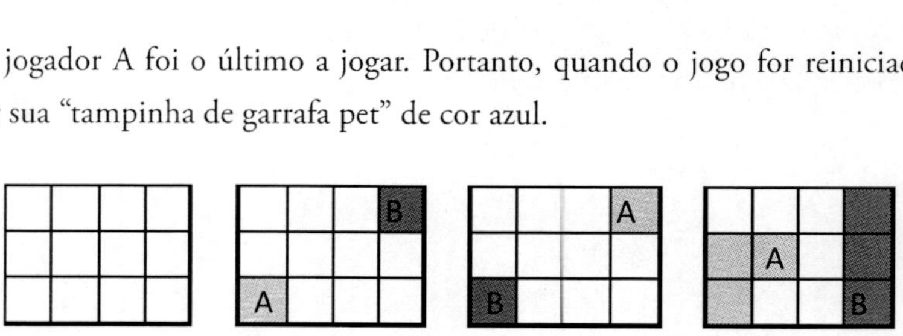

Figura 73: Tabuleiro do jogo *Grelha Retangular 3 x 4*, possíveis posições iniciais e os 4 primeiros movimentos de uma partida. Fonte: o autor.

II. Objetivos do jogo

O objetivo de cada jogador é o de capturar a "tampinha" do seu oponente ou conseguir posicionar a sua "tampinha" na posição de partida do seu oponente quando do início do jogo.

Ou seja, o jogador A tem o objetivo de colocar sua "tampinha" no quadrado inicial pintado de azul e o jogador B tem o objetivo de colocar sua "tampinha" no quadrado inicial de cor amarela, segundo uma das figuras centrais mostradas acima.

Para atender a qualquer um desses dois objetivos será preciso que os jogadores obedeçam a certas regras do jogo, que serão mostradas em prosseguimento.

III. Regras do jogo

Eis as 4 regras, as quais precisam ser compreendidas para que uma partida se desenrole a contento:

1ª regra:

Conforme as duas primeiras figuras mostradas a seguir, na Figura 74, a primeira regra estipula que:

- O jogador A pode movimentar sua "tampinha" na posição vertical, uma posição por vez, para cima ou para baixo, sendo permitido retornar à posição anterior apenas uma vez. Também pode movimentar sua "tampinha" na posição horizontal, uma posição por vez, somente para a direita;
- O jogador B pode movimentar sua "tampinha" na posição vertical, uma posição por vez, para cima ou para baixo, sendo permitido retornar à posição anterior apenas uma vez. Também pode movimentar sua "tampinha" na posição horizontal, uma posição por vez, somente para a esquerda.

Uma "tampinha" situada na faixa cinza (primeiro tabuleiro) pode fazer um, dentre até 3 possíveis movimentos, enquanto uma "tampinha" situada em qualquer uma das duas faixas de cor rosa (segundo tabuleiro) pode fazer um dentre até 2 possíveis movimentos.

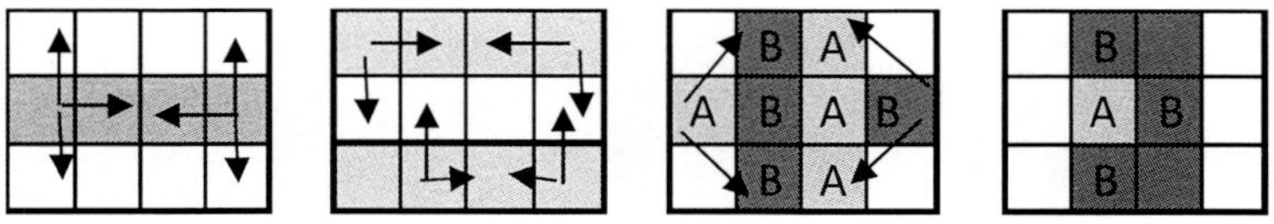

Figura 74: Movimentos permitidos no Tabuleiro do jogo *Grelha Retangular 3 x 4*. **Fonte: o autor.**

2ª regra:

É obrigatória a captura da "tampinha" do oponente sempre que for possível, isto é, quando as "tampinhas" do jogador e do seu oponente se encontrarem "em diagonal" (deve ser respeitado o sentido horizontal do jogador que vai fazer a captura, ou seja, a captura da "tampinha" do jogador B pelo jogador A se dará apenas "em diagonal" para a direita, enquanto que a captura da "tampinha" do jogador A pelo jogador B se dará apenas "em diagonal" para a esquerda).

A captura de uma "tampinha" também pode ser feita quando uma estiver adjacente (junta) à outra. A última das quatro figuras, Figura 73, acima, mostra a "tampinha" do jogador A e as possíveis possibilidades de captura da "tampinha" do jogador B na situação em que esta esteja adjacente a ela, a saber: o jogador A pode capturar a "tampinha" do jogador B adjacente à sua no sentido vertical, se o movimento não resultar em retorno à posição anterior pela segunda vez.

O jogador A também pode capturar a "tampinha" do jogador B que esteja adjacente a sua, no sentido horizontal, se este movimento indicar o sentido horizontal estabelecido: jogador A para a direita desde que este movimento não resulte em retorno à posição anterior pela segunda vez.

Situações análogas são válidas em relação à movimentação da "tampinha" do jogador B em relação à "tampinha" do jogador B.

3ª regra:

Será obrigatório finalizar a disputa sempre que um jogador estiver com sua "tampinha" junto ao quadrado inicial do seu oponente, ou sempre que a "tampinha" do seu oponente estiver em posição que o permita capturar a "tampinha" do oponente.

4ª regra:

O movimento das "tampinhas" durante o desenrolar do jogo não poderá ultrapassar o limite máximo de 10 movimentos. Ou seja, cada um dos jogadores poderá movimentar sua "tampinha" no máximo por 5 vezes no tabuleiro.

Assim, quando o jogador B fizer o 10º movimento - considerando, como dito, que o jogador A inicia a disputa - o jogo estará encerrado. Se após o 10º movimento, o jogador B não conseguir colocar sua "tampinha" na posição inicial do jogador A o jogo será finalizado e estará configurado o empate.

Portanto, qualquer resultado será computado ao final do 10º movimento ou em movimento anterior a esse, caso um jogador "*capture*" a "tampinha" do seu oponente.

IV. Objetivo pedagógico do jogo:

A restrição em relação ao número máximo de 10 (dez) movimentos, tem 2 (duas) razões:

- A primeira é a de permitir que o jogo não se estenda por muitos movimentos tornando-se cansativo e desinteressante pelos alunos;
- A segunda razão tem a ver com a resolução de problemas combinatórios associados ao jogo - que são sugeridos aos professores em prosseguimento - de modo que avaliem a viabilidade/possibilidade de propor aos seus alunos. Tal razão vai ao encontro de encurtar as resoluções de alguns problemas, mas permitindo o exercício do raciocínio combinatório durante a construção de diagramas de árvore para se chegar à lista de todas as possibilidades como o jogo poderia se desenrolar a partir de determinado momento do jogo ou desde o início.

Assim, o objetivo pedagógico do jogo é oportunizar aos alunos refletirem acerca do estabelecimento de uma "estratégia vencedora" que possa ser posta em prática, se for o caso, enquanto vão sendo explorados alguns conceitos da combinatória.

Se espera que cada jogador se comporte como um jogador proativo, ou seja, um jogador que deseja vencer o jogo e aprender com ele, se apropriando de conceitos de combinatória, que estarão presentes durante o desenrolar do jogo.

Podemos dizer que o jogo é, por assim dizer, um disparador do ensino-aprendizagem de alguns conceitos da análise combinatória.

Para resolver os problemas em prosseguimento sugerimos que o professor e os alunos recorram à construção de diagramas de árvore, com o propósito de identificar todas (ou algumas) as possibilidades que o rumo do jogo poderá tomar.

Está aí o primeiro conhecimento básico de combinatória a partir do jogo: a construção de diagramas de árvore.

Uma vez construído o diagrama de árvore por completo (a partir do início de uma partida ou de um particular momento do jogo), todos os resultados finais de jogo poderão tornar-se conhecidos.

Por sua vez, cada um dos resultados pode ser alcançado por cada jogador conforme tenha sido o desenrolar do jogo.

Então, os objetivos pedagógicos do jogo são que os jogadores: se deparem com a necessidade de ter de tomar uma decisão para movimentar a sua "tampinha" e dar prosseguimento ao jogo, respeitando as regras de jogo estabelecidas; exercitem o raciocínio combinatório enquanto vão aprendendo a construir um diagrama de árvore; se apropriem de novos conhecimentos próprios da combinatória e, se for o caso, encontrem uma "estratégia vencedora" para a partida - desde o início da partida ou a partir de determinado momento de jogo.

Portanto, não se trata de um simples jogo que se joga por jogar; uma diversão, mas de um jogo que contém desafios a serem alcançados pelos jogadores.

Um dos desafios, e não menos importante que os demais, é o de verificar a possibilidade de estabelecer uma "estratégia vencedora", se for o caso.

Ademais, importante e necessário se faz que os jogadores reflitam e decidam quanto ao jogo ser um jogo de sorte/azar ou um jogo de estratégia. Também, decidam em relação ao jogo ser um *jogo combinatório* ou não.

V. Organização dos alunos em sala:

Os participantes podem participar do jogo tanto de modo individual (um jogador contra outro jogador) quanto em grupos menores - desde que todos os membros do grupo estejam imbuídos do propósito de descobrirem uma estratégia para vencer o jogo se for o caso.

VI. Alunos comunicando a aprendizagem:

Recomendamos ao professor que oportunize aos alunos a possibilidade de eles mostrarem o que aprenderam com o jogo. Para tal, o professor pode promover reflexões e discussões conjuntas a esse respeito e pedir que eles escrevam sobre o que aprenderam com o jogo.

VI. Explorando problemas de Combinatória associados com o jogo:

Uma vez que os alunos conheçam bem as "Regras" do jogo - após terem jogado por algumas rodadas, no mínimo por 3 vezes - o professor deve propor problemas a ele relacionados em prosseguimento às disputas.

Sugerimos alguns, como a seguir:

Problema 1**:** A e B estão jogando o jogo *Grelha Retangular 3 x 4***.** O professor Rui chega junto à mesa onde eles estão, observa a disposição das "tampinhas de garrafa pet" sobre o tabuleiro após os 6 primeiros movimentos das "tampinhas"; confere as anotações que fizeram no desenho do tabuleiro, em papel, e faz a seguinte proposta aos dois jogadores:

Agora vocês não vão mais continuar jogando. Juntos, devem encontrar todas as possibilidades como a partida poderá se desenrolar, a partir desse 6º movimento - como mostrado aqui, no tabuleiro -, até que ela chegue ao seu final, assinalando as possibilidades de A sair vencedor, de B sair vencedor e de ocorrer empate, se for o caso. Eis a configuração da partida, após o 6º movimento (movimento este, que foi feito por B), conforme ilustrado na Figura 75, a seguir:

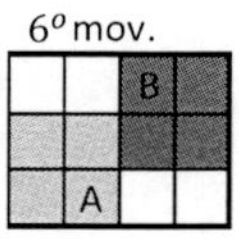

Figura 75: Configuração do jogo *Grelha Retangular 3 x 4***, após o 6º movimento. Fonte: o autor.**

O professor Rui continua: vou começar por ajudá-los e depois vocês continuam fazendo, pois eu tenho certeza que vocês farão exatamente como tem de ser feito. Vamos lá.

Primeiramente, eis a situação de jogo no 7º movimento da partida, com os 2 (dois) possíveis movimentos que podem ser feitos por A), conforme ilustrado na Figura 76, a seguir:

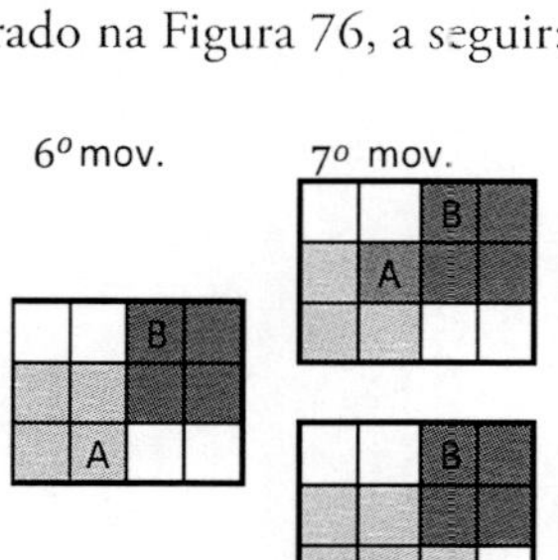

Figura 76: Configuração do jogo *Grelha Retangular 3 x 4***, após o 7º movimento. Fonte: o autor.**

O quadrado pintado com a cor verde e a letra A em seu interior (primeiro tabuleiro, do 7º movimento) indica que a "tampinha" do jogador A não poderá retornar a esse quadrado.

Como foi A que fez o 7º movimento da partida o próximo movimento será feito por B.

Eu começo, então, perguntando à B: Considerando cada uma das 2 possibilidades que podem ser deixadas por A quais movimentos você pode fazer no 8º movimento?

A Figura 77, a seguir, mostra os possíveis movimentos que B pode realizar no 8º movimento da partida, para cada situação que pode ser deixada por A, por ocasião do 7º movimento:

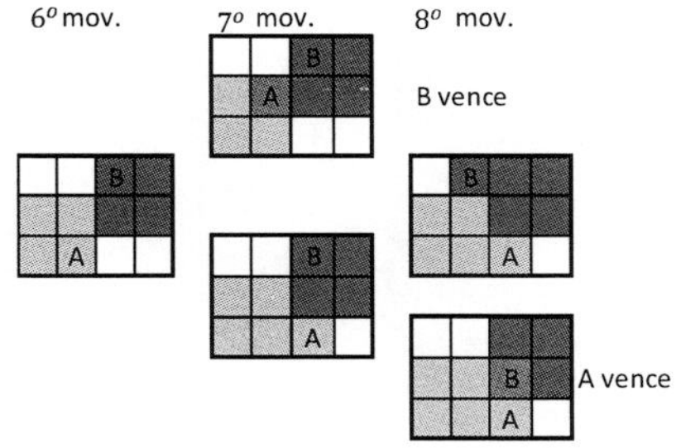

Figura 77: Situações de jogo, possíveis após o 8º movimento de uma partida. Fonte: o autor.

A indicação dos quadrados na *cor verde* (primeiro tabuleiro do 7º movimento e segundo tabuleiro do 8º movimento) serve para mostrar que a "tampinha" do jogador A retornou àquele quadrado no 7º movimento e, que a "tampinha" do jogador B, retornou ao quadrado pintado de verde no 8º movimento.

Portanto, nenhum dos dois jogadores poderá retornar para esses quadrados pintados na cor verde com as suas respectivas "tampinhas", nas jogadas subsequentes. Tais indicações devem constar dos tabuleiros desenhados nas folhas de papel (deixados à parte por ocasião do início da disputa).

Para esta particular situação de jogo que estamos analisando não será necessário tal preocupação uma vez que, nos movimentos seguintes, as "tampinhas" foram *capturadas* por ocasião do 8º e do 9º movimento.

Bem, agora vamos finalizar a partida, mostrando todos os possíveis movimentos do jogador A e do jogador B até o 10º movimento de jogo (os últimos movimentos, pois o jogo termina aqui, conforme a 4ª regra) - movimentos possíveis, a partir do particular momento de jogo, considerado após o 6º movimento. A Figura 78, a seguir, mostra-nos tais movimentos:

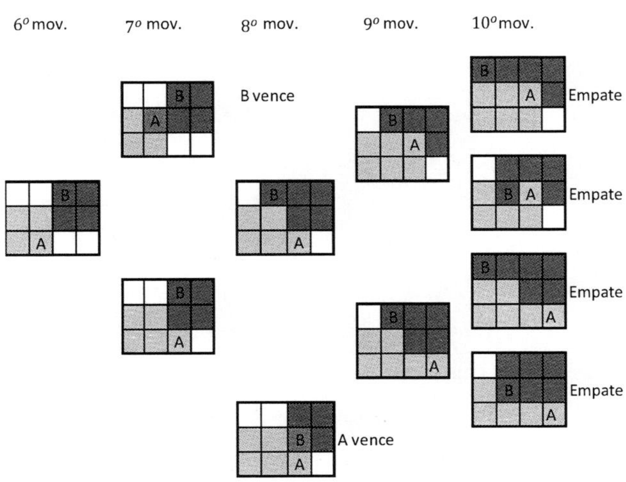

Figura 78: Situações de jogo possíveis após o fim de uma partida considerando o movimento inicial, por ocasião do 6º movimento. Fonte: o autor.

Sempre levando em conta o momento inicial particular de jogo: a partir do 6º movimento de jogo que está sendo considerado, observe que o jogador A pode vencer uma partida no 9º movimento e o jogador B pode vencer uma partida no 8º movimento. Em 4 possibilidades pode ocorrer empate em uma partida.

Portanto, considerando uma disputa que se inicie ao final do 6º movimento de jogo, com a distribuição das "tampinhas" conforme foi indicado, o número de vezes que A e B podem vencer a disputa é o mesmo: 1 (uma) oportunidade para cada.

Observe, também, que a partir do particular 6º movimento de jogo, na situação de jogo em que A movimenta a sua "tampinha" no sentido horizontal para a direita, ele não perde o jogo: ou vence o jogo ou ocorre empate.

A partir daí, é possível levantar tal possibilidade como uma hipótese de uma possível "estratégia vencedora" para o jogador A?

Por outro lado, há que se indagar: existe uma "estratégia ganhadora" para o jogador B?

Um bom ponto para a reflexão dos alunos é perguntar sobre o que levou o jogador B a vencer o jogo considerando que este jogador sempre faz sua jogada após o jogador A fazer a sua.

O diagrama de árvore pode dar pistas para respostas a essa pergunta?

Seriam estas as pistas para se encontrar uma possível "estratégia vencedora" para B?

De início, é importante que o professor apresente outras situações de jogo já no 6º ou no 7º movimento de jogo (ou antes disso), e peça aos alunos que eles construam diagramas de árvore até a finalização de uma possível partida, a qual teria este momento como momento de início.

Mais adiante, pode ser solicitado o mesmo a partir do 4º ou 5º movimento de jogo. E por fim, solicitar a construção do diagrama de árvore completo a partir dos primeiros movimentos de jogo, que podem ser feitos pelo jogador A.

A construção do diagrama de árvore completo para o jogo, considerando as duas possibilidades de iniciar uma partida, finaliza, então, a consecução do propósito de haver permitido que os alunos compreendam as ações e possíveis tomadas de decisão necessárias para tal, para este particular problema (o formato da grelha e as regras), como também para quaisquer outros jogos que se possam estruturar, em continuidade ao estudo da temática e os seus propósitos.

Consideramos como pontos importantes, o fato de os alunos entenderem as regras do jogo e entenderem as orientações iniciais acerca da construção de um diagrama de árvore de modo que tenham autonomia para fazer o que é preciso, e que exercitem o raciocínio combinatório cada vez que uma tomada de decisões se faça necessária tomar em relação a movimentação de sua "tampinha".

Problema 2: Ainda em relação ao Problema 1, uma vez que a visualização das possibilidades de jogo no diagrama de árvore nem sempre é confortável (por conta do grande número de combinações de jogadas e o fato de em alguns movimentos haver superposição da cor amarela sobre a cor azul (e vice-versa), sem que haja a captura de "tampinha"), sugerimos que uma outra representação possa ser utilizada pelos jogadores.

Por exemplo, considere a situação em que o jogador A vence uma partida no 9º movimento de jogo - como a situação representada no tabuleiro mostrado na Figura 79, a seguir, levando em conta uma possível numeração para os 12 quadrados:

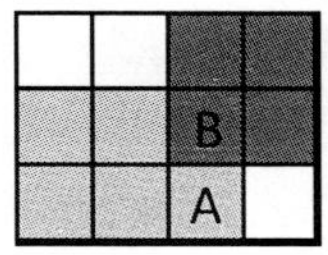

1	2	3	4
8	7	6	5
9	10	11	12

Figura 79: Tabuleiro de jogo com numeração e movimentos de um jogo que levaram A vencer. Fonte: o autor.

Uma possibilidade de representação para os 9 movimentos de uma partida, como mostrado na Figura 79, em que o jogador A vence, poderia ser apresentada assim: $\begin{pmatrix} A: 9, 8, 7, 10, 11, 6 \\ B: 4, 5, 6, 3, 6 \end{pmatrix}$.

A linha A indica os movimentos da "tampinha" do jogador A e a linha B indica os movimentos da "tampinha" do jogador B.

Neste exemplo, o jogador A vence o jogo ao "*capturar*" a "tampinha" do jogador B no quadrado 6, segundo as regras que foram anteriormente estabelecidas.

Nesta representação, observe que:

- O jogador A é vencedor quando o seu último movimento é 4 (posição inicial do jogador B) ou quando os dois últimos lançamentos dos dois jogadores mostrarem valores iguais antes que o jogo chegue ao 10º movimento, e A tenha mais registros que B;
- O jogador B é vencedor quando o seu último movimento é 9 (posição inicial do jogador A) ou quando os dois últimos lançamentos dos dois jogadores mostrarem valores iguais antes que o jogo chegue ao 10º movimento, e B tenha mais registros que A;
- Quando os valores dos últimos movimentos dos dois jogadores apontarem valores diferentes, tem-se um empate, que ocorre no 10º movimento. Em caso de empate, há igual quantitativo de registros para os dois jogadores (limitado à quantidade de 10 movimentos, conforme a 3ª regra do jogo) e os últimos valores registrados para os dois jogadores não coincidem.

Em seguida mostramos todas as possibilidades do jogo "Grelha Retangular 3 x 4" por meio desta nova representação, após a movimentação das "tampinhas" dos dois jogadores por ocasião do 6º movimento de jogo como início da análise de todas as possibilidades, conforme apresentado no diagrama de árvore objeto do Problema 1.

Todas as possibilidades foram mostradas por ocasião do diagrama de árvore, desenhado acima, Problema 1.

- Representação da vitória de A, após o 9º movimento:

$$E_1 = \begin{pmatrix} A: 9, 8, 7, 10, 11, 6 \\ B: 4, 5, 6, 3, 6 \end{pmatrix};$$

- Representação da vitória de B, após o 8º movimento:

$$E_2 = \begin{pmatrix} A: 9,8,7,10,7 \\ B: 4,5,6,3,7 \end{pmatrix};$$

- Representações dos 4 empates:

$$E_3 = \begin{pmatrix} A: 9,8,7,10,11,6 \\ B: 4,5,6,3,2,1 \end{pmatrix} \text{ ou } E_4 = \begin{pmatrix} A: 9,8,7,10,11,6 \\ B: 4,5,6,3,2,7 \end{pmatrix} \text{ ou}$$

$$E_5 = \begin{pmatrix} A: 9,8,7,10,11,12 \\ B: 4,5,6,3,2,1 \end{pmatrix} \text{ ou } E_6 = \begin{pmatrix} A: 9,8,7,10,11,12 \\ B: 4,5,6,3,2,7 \end{pmatrix}.$$

Problema 3: Considere o jogo *Grelha Retangular 3 x 4* segundo as regras que foram estabelecidas acima, antes do Problema 1.

Encontre todas as possibilidades como o jogo pode se desenrolar a partir dos 2 primeiros movimentos de jogo possíveis - que podem ser feitos pelo jogador A (o jogador que inicia a partida) -, até que o jogo chegue ao seu final, com vitória (s) de A, vitória (s) de B, empate (s), se for o caso.

A Figura 80, a seguir, mostra-nos as duas primeiras possibilidades de movimentação:

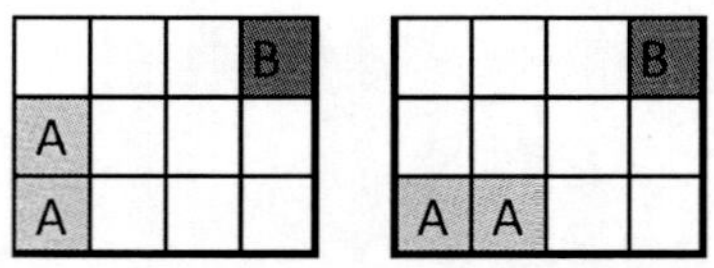

Figura 80: Possibilidades iniciais de movimentação da "tampinha" do jogador A. Fonte: o autor.

Problema 4: Ana (A) e Bia (B) estão jogando o jogo *Grelha Retangular 3 x 4*.

Considere a numeração dos quadrados do tabuleiro conforme a numeração que foi apresentada acima, na Figura 80.

Supondo que após o 6º movimento de jogo (executado por Bia) a sua "tampinha" esteja no quadrado de número 1 e por ocasião do seu 5º movimento a "tampinha" de Ana esteja no quadrado de número 10, pergunta-se:

Há algum movimento que Ana possa fazer, por ocasião do 7º movimento da partida, de modo a impedir que Bia vença o jogo? Explique.

Problema 5: Ana (A) e Bia (B) estão jogando o jogo *Grelha Retangular 3 x 4*. Há algum movimento inicial de jogo que Ana possa fazer de modo que este movimento lhe garanta a vitória sobre Bia logo no 3º movimento de jogo? Se sim, qual?

Problema 6: Ana (A) e Bia (B) estão jogando o jogo *Grelha Retangular 3 x 4*. Considerando que Ana vai iniciar jogando você identifica uma "estratégia vencedora" para Bia de modo que ela vença o jogo? Em caso afirmativo, descreva-a.

Problema 7: Ana (A) e Bia (B) estão jogando o jogo *Grelha Retangular 3 x 4*. Considerando que Ana vai iniciar jogando você identifica uma "estratégia vencedora" para Ana de modo que ela vença o jogo? Em caso afirmativo, descreva-a.

Capítulo 2

Conhecimentos do Conteúdo Análise Combinatória

2.1 Conhecimentos do conteúdo combinatória

2.1.1 Princípios Fundamentais da Contagem

Problema: Se Ana possui blusas nas cores branca, vermelha, amarela, preta e marrom e saias nas cores rosa, laranja, preta e violeta, de quantos modos poderá se vestir usando uma saia e uma blusa, considerando que ela não gosta de se vestir usando saia e blusa de cores escuras?

Uma vez que um diagrama de árvore esteja completamente construído (ou construído o bastante para permitir a compreensão, como o diagrama mostrado na Figura 81, abaixo), o Princípio Aditivo pode ser aplicado diretamente: (5) + (5) + (3) + (3) = 16 (conjuntos saia-blusa) possibilidades.

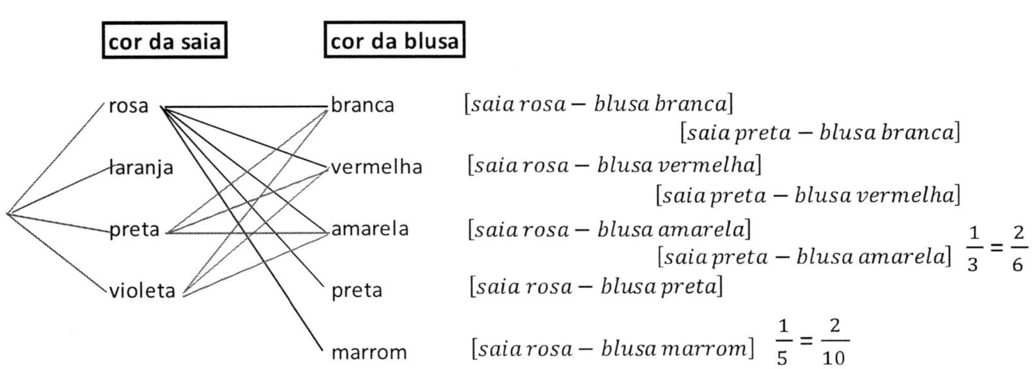

Figura 81: Diagrama de árvore, resolução do problema proposto. Fonte: o autor

Por outro lado, há dois momentos distintos a considerar:

Em um primeiro momento, quando se escolhe uma saia de cor clara, e em um segundo momento quando se escolhe uma saia de cor escura.

***Momento 1*:**

Decisão 1: escolher a saia de cor rosa (cor clara). Para a decisão de escolher a saia de cor rosa, há 5 possibilidades para tomar a Decisão 2 (escolher a cor de uma blusa).

Para a escolha de uma outra cor clara para a saia: laranja, por exemplo, há igual quantitativo de possibilidades para tomar a Decisão 2 (escolher a cor de uma blusa)? Se a resposta for sim, o Princípio Multiplicativo se aplica. Logo, aplicando o Princípio Multiplicativo, tem-se: 2 x 5 = 10 possibilidades (conjuntos saia-blusa). Essa situação pode ser representada por meio da seguinte proporção: .

***Momento 2*:**

Decisão 1: escolher a saia de cor preta (cor escura). Para a decisão de escolher a saia de cor preta há 3 possibilidades para tomar a Decisão 2 (escolher uma blusa de cor clara).

Para a escolha de uma outra cor escura para a saia: violeta, há igual quantitativo de possibilidades para tomar a Decisão2 (escolher a cor de uma blusa de cor clara?)

Se a resposta for sim, o Princípio Multiplicativo se aplica. Logo, aplicando o Princípio Multiplicativo, tem-se: 2 x 3 = 6 possibilidades (conjuntos saia-blusa). Essa situação pode ser representada por meio da seguinte proporção : $\frac{1}{3}=\frac{2}{6}$.

Após os quantitativos dos Momentos 1 e 2 terem sido contabilizados, aplica-se o Princípio Aditivo para obter a totalidade de conjuntos saia-blusa que atendem ao enunciado do problema.

Logo, há um total de 10 + 6 = 16 agrupamentos-solução.

Formalmente, eis os enunciados dos dois Princípios Fundamentais da Contagem:

- ***Princípio Multiplicativo*:** Se uma decisão d_1 pode ser tomada de **m** maneiras e uma vez que a decisão d_1 tenha sido tomada, uma decisão d_2 puder ser tomada de **n** maneiras para cada uma das **m** maneiras anteriores, então o número de maneiras de tomar as decisões d_1 e d_2, uma a seguir da outra, é **m.n**. Este Princípio pode ser generalizado para mais de duas decisões. Este Princípio também é conhecido, na literatura acadêmica, como Princípio da Multiplicação ou o Princípio Fundamental da Contagem – PFC;
- ***Princípio Aditivo*:** Se A e B são conjuntos disjuntos (conjuntos que não têm elemento em comum: $A \cap B = \emptyset$) com x e y elementos, respectivamente, então $A \cup B$ possui x + y elementos. Este Princípio pode ser generalizado para mais que dois conjuntos. No caso de três conjuntos: A, B e C, com x, y e z elementos, respectivamente, desde que os conjuntos sejam dois a dois disjuntos entre si, ou seja: $A \cap B = \emptyset$, $A \cap C = \emptyset$, $C \cap B = \emptyset$ e, desde que os três a três conjuntos também sejam disjuntos entre si, isto é: $A \cap B \cap C = \emptyset$, então o conjunto $A \cup B \cup C$ possui x + y + z elementos.

De modo geral, resolver um problema de combinatória consiste em contar ou classificar os elementos de um ou mais subconjuntos de um conjunto finito que atendem a certas particularidades, as quais podem estar claramente descritas no enunciado do problema em questão ou não.

Mas também, em alguns problemas da Combinatória, será preciso provar a existência de subconjuntos de um dado conjunto finito que atendem a certas particularidades, as quais podem estar claramente descritas no enunciado do problema em questão ou não.

Ao ensinar os conceitos (também a aplicação dos princípios fundamentais da contagem: aditivo e multiplicativo), significados e a construção de representações gráficas e/ou numéricas, em conjunto com procedimentos e estratégias de resolução de um problema, também estamos promovendo o desenvolvimento e o exercício do raciocínio combinatório.

Por sua vez, o raciocínio combinatório está fortemente imbricado às tomadas de decisão nos diferentes momentos do ciclo constitutivo que permeia a obtenção de todos os agrupamentos-solução (ou a contagem destes), independentemente da representação que está sendo utilizada: se gráfica ou numérica.

Sendo assim, consideramos que o foco do trabalho do professor não pode/deve estar voltado para a necessidade e a imposição com a qual porventura se sinta impelido a trabalhar os conteúdos específicos da Matemática, de modo massificado. Principalmente, quando o livro didático é o único instrumento utilizado pelo professor em sala de aula, como tem sido identificado, com grande intensidade e em diferentes situações, Brasil afora.

É preciso incentivar os professores a trabalharem com criticidade na análise do conteúdo presente no livro didático, e em conjunto com os seus pares sintam-se em condições de decidir subtrair, substituir ou não apresentar determinada atividade/situação para os seus alunos, tal qual ela está apresentada na obra.

Além do mais, é preciso estimular o professor da Escola Básica para o salutar hábito de desenvolver diferenciados olhares com respeito às inovações que estão presentes no ensino, na aprendizagem e na avaliação, em Matemática e por meio dela.

Entre tais olhares, está o de o professor considerar a importância de desenvolver competências em relação ao desenvolvimento de variadas maneiras de raciocinar entre os alunos, com o objetivo de oportunizar que eles experimentem diferenciados estímulos, tendo como propósito principal o de melhorar o ensino e a aprendizagem da Matemática escolar.

Dentre as variadas maneiras de raciocinar em Matemática, salientamos que o professor precisa estimular o exercício e o desenvolvimento do raciocínio probabilístico, do raciocínio estatístico e do raciocínio combinatório dos alunos, cada um deles em contexto apropriado, pois assim deve ser o ensino e a aprendizagem desses conteúdos com os alunos do Ensino Básico.

Mas é imprescindível que o professor não incentive os alunos ao exercício desses raciocínios em detrimento dos demais raciocínios matemáticos, como os raciocínios: geométrico, numérico e algébrico, por exemplo, os quais, igualmente, também devem ser incentivados.

2.1.2 Permutações simples e Permutações com elementos repetidos

De modo a configurar o conceito *permutação simples* é preciso que as seguintes condições estejam presentes (para cada particular problema de contagem a ser resolvido):

- Pessoas já são distintas por natureza - com diferentes nomes ou não;
- Todos os elementos (objetos, algarismos, letras) disponíveis devem ser distintos entre si;
- Todos os elementos serão utilizados para formar cada um dos agrupamentos-solução, e
- O total de elementos utilizados em cada agrupamento-solução (ou uma permutação simples) deve ser em igual quantidade de lugares (posições) disponíveis, de maneira que cada elemento possa ser alocado (ou ordenado), um a um, em cada lugar disponível, sem sobra de lugares, e, consequentemente, utilizando-se todos os elementos disponíveis.

De modo geral, se há n pessoas (ou n objetos, letras, algarismos, distintos entre si), o número de modos de ordená-las (ou arrumá-las), uma a seguir da outra, ou lado a lado, é indicado por P_n. Esse quantitativo é obtido pelo produto de n fatores, todos eles escritos como consequência da aplicação repetitiva do princípio multiplicativo, assim:

$P_n = n \times (n-1) \times (n-2) \times (n-3) \times ....\times 3 \times 2 \times 1$, n número natural, $n \geq 1$, pois: há n modos de escolher o objeto que primeiro vai ocupar um dos n lugares disponíveis; em seguida há n-1 modos de escolher o objeto que vai ocupar um dos n-1 lugares disponíveis, até que, ao final, há apenas um modo de escolher o objeto que vai ocupar o último lugar (neste último caso, é redundante afirmar que se vai escolher o objeto, pelo fato de apenas restar esse último objeto para ocupar o único lugar que resta disponível).

Assim, tem-se, por exemplo, que: $P_1 = 1$; $P_2 = 2.1 = 2$; $P_3 = 3.2.1 = 6$; $P_4 = 4.3.2.1 = 24$.

Para qualquer número natural n, $n \geq 2$, tem-se que $P_n = n.P_{n-1}$. Para qualquer número natural n, $n \geq 3$, tem-se que $P_n = n.P_{n-1} = n \times (n-1) \times P_{n-2}$. E assim por diante, à medida que a quantidade de elementos disponíveis aumenta.

Na literatura matemática, por vezes substitui-se o símbolo P_n pelo símbolo n!, o qual se lê "n fatorial" ou "fatorial de n". Assim, para o cálculo do total de permutações simples de n objetos distintos é comum ver escrito uma das duas representações: n! ou P_n.

Portanto, o número de modos de ordenar (arrumar) n objetos distintos é P_n, ou n!. Cada ordenação (arrumação ou agrupamento-solução) é dita uma *permutação simples dos n objetos*, e o total de permutações simples de n objetos distintos pode ser representado por P_n, calculado como $P_n = n!$,

Ora, de acordo com o que foi dito acima, para n = 0 a indicação P_0 representaria o número de modos de "ordenar 0 (zero) objetos (nenhum objeto)" em "0 (zero) lugares". Naturalmente que tal ação não é possível ser feita pelo simples fato de haver a ausência total de objetos a ordenar, o que implica a necessidade de se ter de *adotar um abuso de linguagem* para admitir que tal ação possa ser feita de uma só maneira, qual seja: a "*ação de não arrumar*", pois não há como arrumar "*algo que não existe*". Fazemos isso, tratando a situação de modo natural, como a única ação (*a de não arrumar*), indicando que 0! = 1, o que implica admitir, por definição, que $P_0 = 1$. Mais adiante, com o conceito de combinação simples, é possível mostrar que, de fato, $P_0 = 0! = 1$ - não mais se admitindo este resultado como uma definição que "*precisa ser aceita*".

Dada uma quantidade finita de "objetos": nomes, algarismos, letras, peças, brinquedos etc. formada por alguns "objetos" distintos e alguns "objetos" não distintos ("objetos" em repetição), ou todos os "objetos" em repetição, uma *permutação com "objetos" nem todos distintos* é uma ordenação (agrupamento) contendo todos os "objetos" disponíveis na situação envolvente, e segundo a qual a troca de ordem entre "objetos" distintos (apenas objetos distintos entre si) presentes no agrupamento implica na formação de novo agrupamento (nova possibilidade), mas não implica em novo agrupamento quando a troca é feita entre "objetos" considerados como "iguais".

Quando há **n** elementos distintos $a_1, a_2, \ldots, a_n$ (todos os elementos aparecem uma só vez) em situações de anagramas ou na ordenação de todos os objetos, se está diante de uma permutação simples. O total de permutações simples é calculado por $P_n = n!$

Quando há **n** elementos $a_1, a_2, \ldots, a_n$ (onde pelo menos 2 (dois) elementos são "iguais", não são distintos entre si) em situações de anagramas com n letras, nem todas iguais, ou no caso de objetos em que pelo menos 2 (dois) desses objetos se repetem, se está diante de uma permutação com repetição.

O total de permutações com repetição é calculado por $PR_n^{m1,m1,\ldots\ldots,mr} = \frac{n!}{m1! \times m2! \times \ldots\ldots \times mr!}$, onde m_1 o número de vezes que o objeto a_1 se repete; m_2 *o número de vezes que o objeto* a_2 se repete, e m_r o número de vezes que o objeto a_r se repete, e onde os objetos $a_1, a_2, \ldots\ldots, a_r$ *são objetos pertencentes ao universo de* **n** objetos $a_1, a_2, \ldots, a_n$.

Nesse caso, dentre os n objetos dados tem-se que $a_1, a_2, \ldots, a_r$ *são os objetos que se repetem e* $a_{r+1}, a_{r+2}, \ldots, a_n$ *são os objetos que não se repetem (os elementos que se repetem são colocados no início), de tal modo que a totalidade de n objetos é computada assim:*

$m_1.a_1 + m_2.a_2 + \ldots + m_r.a_r + a_{r+1} + a_{r+2} + \ldots + a_n = n$ (todos de objetos considerados).

Então, como os demais elementos não se repetem, diz-se que $m_{r+1} = m_{r+2} = \ldots\ldots = m_n = 1$.

Portanto:

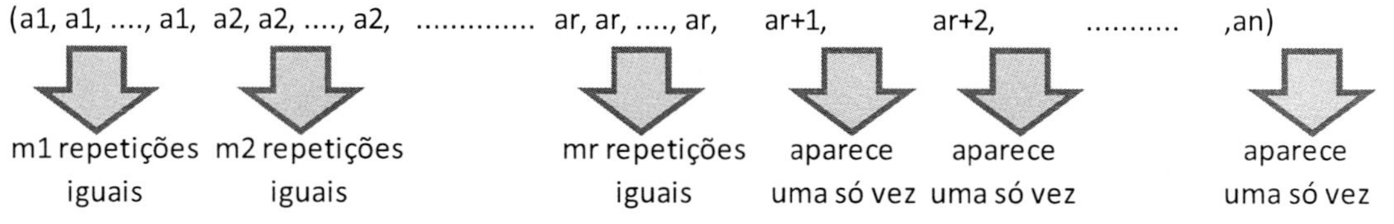

é uma possível ordenação dos **n** objetos dados: $a_1, a_2, \ldots, a_n$.

Quando há **n** elementos $a_1, a_2, \ldots, a_n$ (pelo menos 2 (dois) elementos são "iguais", não são distintos entre si) em situações de anagramas com ***n*** letras, nem todas iguais, ou no caso de objetos em que pelo menos 2 (dois) desses objetos se repetem se está diante de uma permutação com repetição.

Assim, tem-se ***n*** objetos, dos quais m_1 objetos são iguais a a_1, m_2 objetos são iguais a $a_2, \ldots$ m_r objetos são iguais a a_n, tal que $m_1 + m_2 + \ldots + m_r = n$.

O total de permutações de n objetos, dos quais m_1 objetos são iguais a a_1, m_2 objetos são iguais a $a_2, \ldots$ e m_r objetos são iguais a a_n, $m_1 + m_2 + \ldots + m_r = n$, é calculado por

$$PR_n^{m1,m2,\ldots,mr} = C_n^{m1} \, x \, C_{n-m1}^{m2} \, x \ldots\ldots\ldots x \, C_{n-m1-m1-\cdots-mr-1}^{mr} =$$

$$= \frac{n!}{m1!x\,(n-m1)!} x \frac{(n-m1)!}{m2!\,x\,(n-m1-m2)!} x \ldots x \frac{(n-m1-m2-\cdots-mr-1)!}{mr!\,x\,(n-m1-m2-\cdots-mr-1-mr)!} =$$

$$= \frac{n!}{m1!x\,m2!x\ldots x\,mr-1!x\,0!} = \frac{n!}{m1!x\,m2!x\ldots x\,mr!},$$

, onde m_1 o número de vezes que o objeto a_1 se repete; m_2 o número de vezes que o objeto a_2 se repete, e m_r o número de vezes que o objeto a_r se repete, os objetos $a_1, a_2, \ldots\ldots, a_r$ pertencem ao universo de **n** objetos $a_1, a_2, \ldots, a_n$.

2.1.3 Combinações simples

O conceito de *combinações simples* consiste na formação de grupos (conjuntos) formados por agrupamentos-solução (elementos distintos de um dado conjunto) de um dos seguintes tipos de elementos: objetos, cores, pontos do plano, pontos do espaço, retas no plano, retas no espaço, algarismos, letras, peças, brinquedos, nomes distintos (ou pessoas), escolhidos de um universo onde todos são distintos entre si.

À formação de grupos impõe-se a ação de escolher parte (ou todos os elementos) dos elementos que pertencem a um dado conjunto de elementos distintos com o propósito de formar subconjuntos do conjunto dado, inclusive considerar a "formação do conjunto vazio (correspondente a não fazer escolha alguma) ".

Já o conceito de *combinações completas* consiste na formação de grupos (conjuntos) formados por agrupamentos (elementos, distintos e não, de um dado conjunto) de um dos seguintes tipos de elementos: objetos, cores, algarismos, letras, peças ou brinquedos, escolhidos de um universo onde nem todos eles são distintos entre si. Assim, é possível escolher elementos iguais ou elementos distintos.

Assim, neste caso, à formação de grupos impõe-se a ação de escolher elementos distintos e não distintos, pertencentes a um universo em que todos os elementos têm mais que um exemplar "igual" para cada um dos elementos considerados disponíveis para as escolhas, embora as escolhas possam recair sobre um exemplar apenas, ou mais que um com o propósito de formar subconjuntos do conjunto dado.

*Cada subconjunto com **m** elementos distintos escolhidos dentre os **n** elementos distintos de um dado conjunto é chamado de uma **combinação simples (ou agrupamento-solução simples) de classe m dos n objetos (ou elementos)** $x_1, x_2, \ldots, x_n$.*

*Indicamos o total de combinações simples, conforme acima, por: $C_{n,m}$ ou ou (. Lê-se assim: o número total de combinações simples de **n** objetos distintos tomados **m** a **m**, ou o número de combinações simples de **n** objetos distintos escolhidos **m** a **m**. O símbolo (lê-se assim: o binomial de **n** sobre **m**. Assim, o número de modos de escolher **m** objetos distintos entre **n** objetos distintos disponíveis é $C_{n,m}$.*

*A escolha de **m** objetos, distintos ou não, dentre **n** objetos distintos, disponíveis em quantidades variadas, faz parte de outro tópico de combinações, a saber: as combinações completas.*

*De modo geral tem-se **n** objetos distintos $X_1, X_2, X_3, \ldots, X_n$ e as **m** posições $P_1, P_2, P_3, \ldots, P_m$.*

$$\underset{P_1}{\_\_\_} \quad \underset{P_2}{\_\_\_} \quad \underset{P_3}{\_\_\_} \quad \ldots\ldots \quad \underset{P_{m-1}}{\_\_\_} \quad \underset{P_m}{\_\_\_}$$

- *o número de modos de escolher um objeto para a posição P_1 é n.*
- *o número de modos de escolher um objeto (entre os (n-1) objetos disponíveis) para a posição P_2 é n-1.*
- *o número de modos de escolher um objeto (entre os (n-2) objetos disponíveis) para a posição P_3 é n-2.*

E, assim, sucessivamente, até que:

- *o número de modos de escolher um objeto (entre os [n-(m-1)] = (n-m+1) objetos disponíveis) para a posição P_m é n-m+1.*

*Pelo Princípio Multiplicativo, as **m** posições podem ser ocupadas de n.(n-1).(n-2).... (n-m+1) modos distintos.*

Mas, como em cada *ordenação (arrumação, permutação simples)* os elementos podem ser escritos de $P_m = m!$ maneiras (modos) cada combinação simples (grupo) foi contada m! vezes a mais do que deveria ter sido feita.

Portanto, essa contagem a maior terá que ser desfeita, isto é, será preciso dividir o total obtido pelo número de ordenações dos objetos em cada um dos grupos.

Tem-se então: $C_{n,m} = \dfrac{n.(n-1).(n-2)......(n-m+1)}{m!}$, 0<m<n .

Também, se tem que $C_{n,0} = 1;\ n \geq 0$.

Se multiplicarmos ambos os termos da fração acima por (n-m)! tem-se:

$$C_{n,m} = \frac{n.(n-1).(n-2)\ldots\ldots(n-m+1).(n-m)!}{m!.(n-m)!} = \frac{n!}{m!.(n-m)!}$$

, $0 \leq m \leq n$.

De $C_{n,m} = \dfrac{n!}{m!.(n-m)!}$ *(1)*, obtém-se:

$$C_{n,n-m} = \frac{n!}{(n-m)!.\,[n-(n-m)]!} = \frac{n!}{(n-m)!.\,m!} = \frac{n!}{m!.(n-m)!} \quad (2).$$

Comparando as equações (1) e (2), conclui-se que: $C_{n,m} = C_{n,n-m}$.

As combinações $C_{n,m}$ e $C_{n,n-m}$ *são conhecidas como* **combinações complementares.**

Assim, por exemplo, $C_{100,7} = C_{100,93}$ são ditas combinações complementares.

2.2 Um tributo ao Raciocínio (Pensamento) Combinatório

O Raciocínio (Pensamento) Combinatório é exercitado pelo sujeito (exigido do sujeito), por exemplo, quando há necessidade de combinar elementos (todos ou parte) de uma coleção com elementos de outra coleção. Ou seja, o raciocínio combinatório resulta do exercício da combinação entre elementos de uma coleção e de outra.

Assim, para exercitar o raciocínio combinatório, nesses casos, será preciso dispor de ao menos 2 coleções - mesmo que essas coleções tenham os mesmos objetos (seja a mesma coleção).

O raciocínio combinatório se caracteriza pela mobilização de estratégias mentais que estão associadas às tomadas de decisão, principalmente em cada uma das etapas do ciclo construtivo de uma representação gráfica (um diagrama de árvore, por exemplo) ou no estabelecimento de uma representação numérica (geralmente, multiplicativa ou multiplicativa e aditiva), a qual dará conta de apresentar a solução (qualitativa ou quantitativa) para o problema de contagem.

O raciocínio combinatório faz parte do universo cognitivo e simbólico da mente humana e da matemática. Seu cultivo é uma arte tanto quanto o bem falar.

Assim, o raciocínio combinatório é parte da linguagem do pensamento e das combinações de diferentes "objetos" constituintes do enunciado de um problema de contagem: letras, algarismos, cores, objetos etc.

É no raciocínio combinatório que germinam conjecturas que se transformam em tomadas de decisão, possibilidades, ações e combinações entre objetos - vitais na construção de representações gráficas e nas representações numéricas.

É com o raciocínio combinatório que se elabora a estratégia de resolução de um problema de contagem, os procedimentos a serem seguidos e se dá a apropriação de um conceito combinatório.

É por meio da experiência do raciocínio combinatório que as pessoas compreendem melhor os enunciados dos problemas de contagem, se envolvem e participam na formação dos tipos de agrupamentos-solução de objetos, na inteireza da análise combinatória.

O sujeito, mergulhado em breves momentos de reflexão e raciocínio experimenta a ação vigorosa e objetiva do pensar, abre a mente, se coloca na posição da pessoa que vai executar a ação e se pergunta de quantos modos pode executá-la para, em seguida, fazer o registro desse valor como um fator multiplicativo em uma representação numérica ou desenha um ou mais "*ramos*", se está construindo um diagrama de árvore.

O raciocínio combinatório, refletido e participativo, é fruto do exercício constante de experiências anteriores e de correlações com as características dos agrupamentos-solução de objetos, por conta dos conceitos que aí estão envolvidos.

É fruto da compreensão de todas as possibilidades para a formação dos agrupamentos-solução de objetos, da incorporação de particularidades gerais dos tipos de agrupamentos e de reflexões acerca da necessidade ou não de repartir as análises encaminhadas na resolução do problema, para considerar a melhor maneira de incorporar todas as possibilidades e efetuar a contagem total (ou as contagens parciais).

O raciocínio combinatório é uma atitude pessoal do ser humano, que inspira a compreensão. Felizmente o raciocínio combinatório é transferível para outras pessoas, e é capaz de contagiar quem passa a compreendê-lo e dele se apropria.

Resolver um problema de contagem não é um exercício mecânico, burocrático e repetitivo por meio da aplicação de procedimentos similares anteriores, onde são feitas correlações com situações tipo padrão, tais como, por exemplo, quando da resolução de alguns exercícios de equações, em álgebra.

Muito menos a resolução de um exercício de combinatória é resultante de ações próprias que consistem na mera aplicação direta de uma fórmula, por meio da qual uma resposta quantitativa é obtida. Resulta, por vezes, que o sujeito não sabe verificar se a resposta está correta ou não se preocupa em fazê-lo.

Para resolver um problema de contagem é preciso que seja feita uma cuidadosa leitura do enunciado, bem como uma criteriosa análise acerca do (s) tipo (s) de agrupamento (s) de objetos envolvidos, considerando que eles precisam ser combinados entre si (tipo (s) de grupamento (s) de objetos envolvidos, considerando que eles precisam ser escolhidos).

Assim, após essas etapas quem está encaminhando a resolução de um problema de contagem exercita o raciocínio combinatório, e mobiliza a estratégia de resolução que considera conveniente e adequada para cada tipo de problema.

Ao resolver um problema de contagem é conveniente evitar ao máximo a aplicação direta de uma fórmula sem antes ter feito uma análise cuidadosa da situação e contexto, pois o seu uso não garante que todas as possibilidades que devem ser consideradas para atender à solução quantitativa do problema de contagem tenham sido computadas com o seu uso.

Conclui-se, portanto, que o raciocínio combinatório é uma poderosa ferramenta matemática, disponível para a resolução de problemas de contagem e em oposição ao desenfreado uso de uma ou mais fórmulas, mas é preciso que ele seja corretamente compreendido, apropriado e mobilizado.

2.3 O Letramento Combinatório

A alfabetização se ocupa da aquisição da escrita. É um processo de aprendizagem no qual o indivíduo desenvolve a competência de ler e de escrever. Assim, o sujeito que sabe ler e escrever é dito alfabetizado.

O aparecimento da expressão "*letramento*" se deu por conta de em nossa sociedade atual se ter constatado que o domínio mecânico da leitura e da escrita era insuficiente para o sujeito avançar no conhecimento.

O "*letramento*" é o desenvolvimento do uso competente da leitura e escrita nas práticas sociais, isto é, se preocupa com a função social (uso individual e social) do ler e do escrever. Assim, o "*letramento*" apareceu ao lado da alfabetização.

Os passos iniciais para o desenvolvimento do *letramento combinatório* são dados quando o sujeito aprende a questionar se um particular elemento do conjunto objeto do problema de contagem atende ou não à (s) característica (s) que deve (m) definir todo e qualquer elemento que irá pertencer ao subconjunto que vai conter todas as soluções do problema. O subconjunto pode ser formado ou apenas contabiliza- se o quantitativo dos seus elementos.

O procedimento pode ser feito apenas para um particular elemento ou para um grupo de elementos, por exemplo, até que sejam esgotadas todas as possibilidades que estão em avaliação.

Esse preliminar exercício crítico favorece a formação de atitudes que levam o sujeito ao amadurecimento em relação à promoção e o desenvolvimento do *letramento combinatório*.

Considere um conjunto não vazio e finito contendo objetos discretos, e um problema de contagem que toma elementos nesse conjunto.

De modo geral, resolver um problema de combinatória consiste em contar ou classificar os elementos de um ou mais subconjuntos de um conjunto finito que atendem a certas particularidades, Estas particularidades podem ou não estar claramente descritas no enunciado do problema de contagem em questão.

Mas em certos problemas da combinatória também será preciso provar a existência de subconjuntos de um dado conjunto finito que atendem a certas particularidades, as quais podem estar claramente descritas no enunciado do problema em questão ou não.

O conhecer, estudar e compreender como os alunos e os professores aprendem e ensinam análise combinatória envolve tanto os aspectos cognitivos quanto os aspectos afetivos.

Os dois aspectos, próprios dos processos de ensino e de aprendizagem, tem de caminhar juntos durante todo o processo educacional de formação de hábitos atitudinais - tanto na escola, quanto em casa e na sociedade.

Infelizmente, o primeiro deles ainda tem sido muito negligenciado nos processos de ensino e de aprendizagem da Matemática em geral, e nos diferentes níveis formativos. Somam-se a estes aspectos o estudo epistemológico dos conceitos da análise combinatória e a própria didática do ensino da combinatória - a qual abarca conhecimentos que têm o objetivo de fomentar e desenvolver o "*letramento combinatório*".

Levando em conta o que descrevem Gal (2002) e Watson e Callingham (2003) acerca do *letramento estatístico*, é oportuno fazer um paralelo para descrever sobre o que se assume serem os pilares em que se sustenta o "*letramento combinatório*" ("*literacia combinatória*").

O "*letramento combinatório*" consiste em saber interpretar, avaliar e decidir acerca das informações que são postas no enunciado de um problema de matemática que exige a mobilização de conceitos da análise combinatória de modo que, com considerável grau de criticidade e em conjunto com o exercício do raciocínio combinatório, lançar mão de seus conhecimentos para resolvê-lo. Isto é, para obter sua solução: quantitativa e/ou qualitativa.

Daí advém a importância de o sujeito que está sendo *letrado combinatoriamente* (aluno ou professor, que está apreendendo técnicas combinatórias para resolver problemas de combinatória) precisar compreender muito bem acerca da situação que o enunciado do problema que ele vai resolver retrata ou descreve (que faz menção ou não). E, com base no conhecimento que cumulou sobre a temática *combinatória*, lançar mão desse conhecimento para atacar e resolver o problema.

Por "*letramento combinatório*" pontua-se o cabedal de conhecimentos que um sujeito precisa cumular em relação aos diferentes conceitos da análise combinatória. Por exemplo, no que diz respeito ao domínio de diferentes técnicas combinatórias segundo as quais permitam- ser possível que possa computar a totalidade de elementos de certos tipos de subconjuntos de um conjunto finito, sem que seja necessário que essa contagem tenha de ser feita diretamente sobre todos os elementos (que podem até ser em grande quantidade, em algumas situações) de cada um dos subconjuntos.

Ou seja, para poder resolver problemas de combinatória com efetividade e desenvoltura o sujeito precisa reconhecer a necessidade de aprender técnicas de contagem que estejam em alinhamento direto com os conceitos, invariantes e representações, próprios da temática análise combinatória.

Por exemplo, quando se evoca questionamentos acerca do fato de uma particular possibilidade (agrupamento ou grupamento de objetos) atender ou não, por vez, à (s) característica (s) que deve (m) identificar/definir todos os elementos que devem pertencer a um dado subconjunto (para esta particular possibilidade ou para um grupo de possibilidades) até que todas as possibilidades em avaliação sejam esgotadas, se está lançando mão de uma técnica muito usual no ensino de análise combinatória.

Por sua vez, para atender os propósitos do *letramento combinatório* (que serão apresentados em prosseguimento) quando da "*combinação entre objetos* para construir um diagrama de árvore, por exemplo", o sujeito deve refletir, antes de tomar uma decisão (em relação a um ou mais elementos). E nesse momento será preciso que o sujeito saiba avaliar todas as consequências que advêm desta possível tomada de decisão de modo a não cometer o engano de generalizá-la para um universo de elementos que não seja o correto, se for o caso. Assim, uma vez feita a reflexão o sujeito poderá corrigir essa posição a tempo e hora.

Portanto, por meio de um modelo que considere as condições necessárias para o enfrentamento de situações, presentes na resolução de problemas de contagem, no seio do conteúdo análise combinatória, um indivíduo é considerado *letrado combinatoriamente* quando se apropria das seguintes competências:

- **Compreende** a natureza e as consequências de uma tomada de decisão quando realiza ações que têm o propósito de "*combinar objetos*", colocando-se na posição da pessoa que vai realizar tais ações;
- **Mobiliza** o exercício constante do *raciocínio (pensamento) combinatório* quando da construção de uma representação numérica ou de uma representação gráfica (um diagrama de árvore (árvore de possibilidades), por exemplo);
- **Categoriza** as características que estão presentes nos agrupamentos-solução (os agrupamentos de objetos que são obtidos ao final das "combinações" entre os objetos que atendem às condições estabelecidas no enunciado do problema de contagem em questão), de modo a formar ou permitir possa ser feita a descrição dos elementos que pertencem ao correspondente espaço amostral cujos elementos são todas as possibilidades (na linguagem combinatória, os agrupamentos-solução);
- **Compreende** como se dá a aplicação do *Princípio Multiplicativo* e do *Princípio Aditivo – os Princípios Fundamentais da Contagem* -, em conjunto ou não, como condição para encaminhar/finalizar a resolução de um problema de contagem;
- **Estabelece**, **quantifica**, **compara** e **enumera** todas as possibilidades (*agrupamentos-solução*, decorrentes das "*combinações entre objetos*" ou os *grupamentos-solução*, decorrentes da "*seleção de objetos*"), se for preciso e quando, desde que a quantidade de objetos a combinar ou a selecionar não seja muito grande, a ponto de inviabilizar tal enumeração.

Portanto, para "*letrar combinatoriamente*" um sujeito (aluno/professor) será preciso criar condições favoráveis que o permitam se apropriar de conhecimentos combinatórios de modo a "*letrá-lo combinatoriamente*". Isto é, preparar adequada e corretamente o sujeito para que ele saiba *caracterizar, apreender, desenvolver, mobilizar e exercitar o raciocínio combinatório* tantas vezes quanto necessário e em diferentes contextos, de modo a resolver um dado problema de combinatória.

Por outro lado, para o entendimento de conceitos, estratégias e procedimentos da combinatória e a apropriação de competências necessárias ao enfrentamento da resolução de um problema de contagem, será preciso que durante a resolução o sujeito que está resolvendo faça uso de uma ou mais competências dentre as que foram listadas anteriormente, como condição para lograr êxito na obtenção da solução.

Mas, para *ensinar análise combinatória* segundo um modelo que contemple as competências que foram apresentadas acima e os alunos *compreendam melhor* o que será preciso mobilizar para obter a solução para um dado problema combinatório, o professor precisa considerar como importantes e fundamentais para a sua prática os componentes listados a seguir:

- ***Domínio da leitura do enunciado do problema***: motivar o aluno para que ele faça uma leitura atenta e crítica do enunciado do problema combinatório, separando os dados (explícitos ou não) e certificando-se daquilo que será preciso fazer ou responder;
- ***Entendimento dos conceitos básicos de Combinatória e sua terminologia***: desenvolver a capacidade de relacionar o conceito e o contexto do problema;
- ***Caracterizar o tipo de agrupamento-solução ou grupamento-solução*** que deve ser considerado de modo a apresentar a solução quantitativa e/ou qualitativa do problema;
- ***Tomar um agrupamento-solução (ou grupamento) como exemplo***, de modo a responder questões acerca dos outros agrupamentos-solução (grupamentos) que precisam ser considerados e/ou contabilizados tal qual foi este e, se necessário, tomar tantos outros como exemplos para fazer algo similar, esgotando todas as possibilidades que caracterizam o universo de elementos do subconjunto que deve ser considerado;
- ***Conhecimento do processo construtivo de um diagrama de árvore (árvore de possibilidades)***: incentivar o aluno para que ele se coloque na posição da pessoa que vai executar as ações pertinentes e necessárias para obter os agrupamentos-solução (ou grupamentos-solução);
- ***Escolher um objeto e com ele ir fazendo todas as combinações possíveis*** com os demais objetos, em atendimento ao enunciado do problema, apresentando-as em um diagrama de árvore completo, mas não necessariamente;
- ***Verificar, para os demais objetos, quais deles formam similares agrupamentos-solução e em igual quantitativo de combinações*** (possibilidades) **ou não**, que as que foram obtidas com o primeiro objeto;
- ***Fazer as combinações de outros possíveis objetos que ainda não tenham sido contemplados nas situações anteriores*** - objetos estes que determinam a formação de outros tipos de agrupamentos-solução e, em seguida, quantificá-los;
- ***Dominar as habilidades básicas para descrever e interpretar os resultados obtidos com a formação dos agrupamentos-solução (grupamentos-solução)***: saber interpretar os resultados (obtenção dos agrupamentos ou dos grupamentos) presentes em uma representação gráfica por meio de exposição oral ou escrita pessoal, ou seja, reunir habilidades para descrever o significado de um agrupamento-solução (ou de um grupamento-solução) que foi formado por meio das "*combinações entre objetos do problema*" no contexto da situação em relação ao quantitativo total dos agrupamentos (grupamentos)-solução;
- ***Dominar as habilidades básicas para comunicar as respostas para problemas de contagem, envolvendo***

leitura, escrita e a comunicação da informação combinatória: Significa ser capaz de comunicar com clareza a outrem, a estratégia que foi utilizada para a obtenção dos resultados combinatórios.

O exercício do *raciocínio combinatório* está imbricado fortemente com cada tomada de decisão, independentemente do tipo de representação que está sendo construída para a obtenção da solução de um problema de contagem.

Nos diferentes momentos do ciclo construtivo de uma representação: gráfica ou numérica - que permeia a obtenção ou a contagem de todos os agrupamentos-solução (grupamentos-solução) - uma decisão precisa ser tomada, e neste momento, para se fazer isso, será preciso que se exercite o *raciocínio combinatório.*

Portanto, ao ensinar os conceitos; a construção de representações gráficas e numéricas; a aplicação dos Princípios Básicos de Contagem; os procedimentos e as estratégias de resolução de problemas combinatórios, também estamos promovendo o desenvolvimento e o exercício do *raciocínio combinatório.*

Segundo a BNCC (Brasil, 2018), uma formalização dos conceitos da combinatória deve ser feita nas séries do Ensino Médio, tendo como prévia os muitos desafios de também ensinar a temática para os alunos do Ensino Fundamental.

Os desafios, e são muitos, de ensinar combinatória segundo as competências que foram listadas acima estão reservados ao professor que já ensina Matemática na Educação Básica desde os anos iniciais, e também aos futuros professores de Matemática.

Para tanto, destacamos duas importantes questões, para reflexões individuais e/ou coletivas:

(1) Como o professor pode desenvolver a temática Análise Combinatória na perspectiva da BNCC, nas suas aulas, considerando as habilidades e competências que são sugeridas neste documento?

(2) Como o professor pode desenvolver a temática análise combinatória na perspectiva da BNCC, nas suas aulas, ensinando os conceitos de combinatória - e outros conceitos da própria Matemática - com o propósito de dar sentido a eles?

Capítulo 3

Considerações Finais

Resultados de uma pesquisa apresentada por Teixeira (2012) identificaram que a proposição e o desenvolvimento de atividades que envolvem o raciocínio combinatório com um quantitativo de objetos em pequeno número, no início de um estudo, permite ao aluno utilizar-se de maneiras próprias de sistematização para obter todas as possibilidades que atendem ***à*** solução de um dado problema de contagem.

Esses procedimentos pessoais são frutos das experiências de vida, em família, do ambiente em que vive e, na escola, são (re) significados pelo convício com os colegas enquanto vão obtendo os agrupamentos-solução por meio de representações gráficas e/ou numéricas que têm sentido particular para cada um. Principalmente quando fazem comparação entre as soluções que obtêm com as soluções que são obtidas com outros colegas, de grupos menores ou na turma como um todo.

Por sua vez, quando um problema de contagem permitir considerar, os alunos identificam quais agrupamentos podem ser formados e quais deles tornam-se agrupamentos-solução. Os agrupamentos-solução representam todas as possibilidades que atendem ao problema de contagem a partir da exploração das possibilidades derivadas das "combinações" de objetos entre si.

Mais adiante, durante o estudo, tais agrupamentos-solução são obtidos por meio da construção por completo de uma representação gráfica - a solução qualitativa do problema de contagem - sem que seja preciso a verificação de se tratar de um agrupamento-solução ou não.

Uma vez que uma representação gráfica esteja construída por completo, é possível que se efetue a contagem direta de todas as possibilidades nela apresentadas - a contagem de todos os agrupamentos-solução.

Tal contagem é feita uma a uma ou por blocos de soluções, e ao se fazer tal contagem se está aplicando um dos dois princípios fundamentais da contagem: o Princípio Aditivo de Contagem. Isto é, por meio da aplicação desse Princípio da Adição se obtém a solução quantitativa para o problema de contagem em questão, o total de agrupamentos-solução que atendem às condições do enunciado do problema apresentado.

Mas se uma solução intuitiva for apresentada pelos alunos durante a resolução de um problema de contagem sugerimos que o professor incentive a sua apresentação para os outros alunos de turma. E, que esse incentivo se estenda para muitas outras soluções. E, se assim considerar conveniente, o professor pode sugerir que o aluno que apresentou a solução intuitiva faça também a construção de uma representação gráfica que confirme o resultado por ele obtido na sua solução.

Em seguida, é preciso que o professor não deixe passar a oportunidade de pedir que o aluno faça as correlações entre as quantidades de tomada de decisões, para cada momento, e as ações que são necessárias à construção de um diagrama de árvore (árvore de possibilidades), por exemplo, e a aplicação do Princípio Multiplicativo de Contagem quando de uma representação numérica.

Ao sugerir tal proposta, sem que o professor se veja obrigado a apresentar o *Princípio Multiplicativo de Contagem* de imediato, e de maneira formal, naquele momento, é esperado o estabelecimento de uma "ponte" entre os quantitativos de ações construtivas necessários ao estabelecimento de um diagrama de árvore e os *fatores*, presentes na representação numérica multiplicativa derivada da aplicação do *Princípio Multiplicativo*.

Tal sugestão pedagógica permite que os alunos encarem a resolução de problemas de contagem de maneira atraente e desafiadora, considerando que eles podem manipular objetos reais em situações-problema concretas. Também podem se utilizar de representações gráficas e numéricas para obter todas as possibilidades (quando a quantidade de objetos a combinar não for muito grande), e sem precisar fazer uso de uma fórmula ou de um procedimento mecanizado, mas do cognitivo; exercício do *raciocínio combinatório*.

O estímulo gradual e contínuo do exercício do *raciocínio combinatório* durante a resolução de diferentes problemas de contagem e sem fazer uso de fórmulas promove os raciocínios abstrato e crítico, e desenvolve habilidades cognitivas por meio da compreensão acerca da escolha de uma estratégia de resolução; do porquê de certos procedimentos e de quais competências são necessárias serem apropriadas pelo aluno de modo a promover a ampliação do conhecimento básico necessário para a resolução de problemas de contagem.

Uma vez que o professor considere estar consolidado entre os alunos o exercício do raciocínio combinatório, é imperioso que proponha um problema de contagem com maiores quantidades de objetos a "combinar", de modo que o aluno perceba a necessidade de ter de mobilizar uma outra ferramenta combinatória para dar conta de resolver o problema que não seja a construção de uma representação gráfica (mesmo porque esta construção seria enorme e exaustiva).

Então, ciente da necessidade de ter de mobilizar uma ferramenta nova e contando com os seus conhecimentos, o aluno irá pensar como fazer para substituir o uso da representação gráfica por uma representação numérica sem dispensar o exercício do raciocínio combinatório. O professor deve incentivá-lo para tal, sem, contudo, dizer o que fazer.

Por sua vez, estes novos conhecimentos passam a fazer parte de sua bagagem de conhecimentos: um novo degrau conceitual que foi alcançado, a ampliação conceitual, segundo Tall e Vinner (1980). Inclusive, tais conhecimentos podem ser generalizados mais adiante em outras situações que o professor deve propor que ele venha a fazer.

A teoria da resolução de problemas de contagem que toma o raciocínio combinatório como ferramenta combinatória - indispensável durante a apropriação dos conceitos combinatórios e a construção de representações gráficas e numéricas - tem nele, o raciocínio combinatório, um importante e imprescindível aliado.

Tal qual defendem os autores dos PCN, em Brasil (1997), quando colocamos o foco na resolução de problemas, o que se defende é a proposta de uma teoria que se alicerça nos seguintes princípios:

> O ponto de partida da atividade matemática não é a definição, mas o problema. No processo de ensino e aprendizagem, conceitos, ideias e métodos matemáticos devem ser abordados mediante a exploração de problemas, ou seja, de situações em que os alunos precisem desenvolver algum tipo de estratégia para resolvê-las;
>
> O problema certamente não é um exercício em que o aluno aplica, de forma quase mecânica, uma fórmula ou um processo operatório. Só há problema se o aluno for levado a interpretar o enunciado da questão que lhe é posta e a estruturar a situação que lhe é apresentada;

> Aproximações sucessivas ao conceito são construídas para resolver um certo tipo de problema; num outro momento, o aluno utiliza o que aprendeu para resolver outro, o que exige transferências, retificações, rupturas, segundo um processo análogo ao que se pode observar na História da Matemática;
>
> O aluno não constrói um conceito em resposta a um problema, mas constrói um campo de conceitos que tomam sentido num campo de problemas. Um conceito matemático se constrói articulado com outros conceitos, por meio de uma série de retificações e generalizações;
>
> A resolução de problemas não é uma atividade para ser desenvolvida em paralelo ou como aplicação da aprendizagem, mas uma orientação para a aprendizagem, pois proporciona o contexto em que se pode apreender conceitos, procedimentos e atitudes matemáticas (BRASIL, 1997, p. 43-44).

Por sua vez, tais conhecimentos ajudam o aluno quanto da escolha, compreensão e utilização de uma estratégia de resolução e dos procedimentos que se fazem necessários encaminhar para obter a resposta ao problema que foi posto, seja uma resposta qualitativa, quantitativa ou ambas.

Portanto, a experiência com o uso das ferramentas combinatórias; a construção de uma representação gráfica; a construção de uma representação numérica; o exercício do raciocínio combinatório, e a aplicação dos Princípios de Contagem são saberes fundamentais e necessários para a apreensão, desenvolvimento e a ampliação do ensino e a aprendizagem da resolução de problemas de contagem sem fazer uso de fórmulas. Isso tudo porque, de modo decisivo e baseado em resultados de pesquisas, se pode afirmar que contribuem para a formação de cidadãos críticos, autônomos e intervenientes - tarefa que os professores têm de abraçar com os seus alunos, sempre, independente do universo em que a temática esteja sendo desenvolvida.

Analisando o desenvolvimento de atividades e jogos que podem/devem ser propostos aos alunos; os resultados obtidos e o conteúdo matemático associado ao exercício do raciocínio combinatório, entendemos que é preciso haver uma busca pela aproximação entre o conteúdo escolar e o universo da cultura matemática ao longo de todo o ensino básico, de tal modo que proporcione ampliação conceitual qualitativa para a aprendizagem dos alunos.

Tais ações - indispensáveis para a apropriação e sistematização de conceitos, procedimentos e competências - devem mirar no propósito de reunir condições satisfatórias para a compreensão de outros conceitos e procedimentos próprios às temáticas probabilidade e estatística que estão presentes nos currículos de Matemática, ainda no Ensino Fundamental e se estendendo por todo o Ensino Médio.

Mesmo considerando que tal ampliação conceitual já exista em algumas regiões do nosso país, sempre será preciso que cada professor reflita acerca do que acontece na sua prática de sala de aula em relação ao que está prescrito nos currículos; acerca do que está presente nos PCN; do que está presente na BNCC; nas propostas de formações iniciais de professores nos cursos de Licenciatura, e nas formações continuadas.

Ademais, as formações continuadas devem ser ofertadas em um contínuo, isto é, devem ser propostas ao longo de toda a trajetória profissional dos docentes.

Tais preocupações residem no fato de que, embora as questões de formação de professores e práticas docentes guardem entre si relações muito próximas, resultados de pesquisas têm mostrado que elas não têm sido refletidas, discutidas e postas em prática da maneira articulada que é desejável.

Tal comprovação corrobora com a tese de sempre haver dificuldades para a aceitação e a implementação de propostas de formação sem que se tenha um olhar diferenciado para o tipo de formação inicial que os professores tiveram e as experiências docentes que vivenciaram ao longo de suas carreiras.

Ademais, salienta-se a não clareza quanto ao tipo de profissional docente que as universidades têm formado e o desejável para atender as novas demandas nestes novos tempos o que, de certo modo, pode vir a clarear o entendimento quanto às dificuldades que têm sido encontradas para o desenvolvimento de projetos colaborativos que visam atividades para melhorar a formação de professores que ensinam Matemática na Educação Básica.

Salientamos a necessidade de fomentar a criação e o desenvolvimento de espaços pedagógicos que examinem o que os professores sabem "do" e "sobre" o ensino da Matemática na Educação Básica uma vez que, entendemos, tais espaços precisam se consolidar tanto no seio das escolas quanto das universidades.

Primeiramente se espera que os grupos colaborativos se consolidem no seio das universidades e, posteriormente, que haja transferência dessa expertise para os professores da educação básica nas suas escolas na perspectiva de em assim fazendo se estar contribuindo para o desenvolvimento profissional docente, por meio de experiências e reflexões na ação e sobre a ação.

Por sua vez, tais experiências apresentam possibilidades de novas aprendizagens no exercício docente a partir de ações dialógicas e da interação entre pares, as quais vêm reforçar uma tese muito presente na área de formação e prática docente de professores em grupos colaborativos. Segundo essa tese é pela reflexão na prática e sobre a prática que se pode reestruturar os conhecimentos profissionais dos professores.

Ressalte-se a necessidade de fomentar formações continuadas de professores que contribuam para a consolidação e o aprofundamento, de maneira articulada, da ampliação de conhecimentos de conteúdo, conhecimentos pedagógicos de conteúdo e conhecimentos curriculares, na perspectiva de Shulman (1986).

Preferencialmente no seio de grupos colaborativos, vez que esses grupos têm sido polos catalizadores de aprendizagens e mostrado ser espaço adequado à superação das dificuldades de professores, alunos e cidadãos em geral bem como porque eles têm sido suficientemente atraentes para promover a (re) significação de práticas educativas no seio de uma *comunidade aprendente*[1].

Ademais, tais reflexões nos remetem à imperiosa necessidade de firmar posição em defesa dos programas de formação inicial de professores que irão ensinar Matemática aos estudantes da Educação Básica - Licenciaturas em Pedagogia e Licenciaturas em Matemática - de modo que os envolvidos nesses programas, em suas disciplinas, se empenhem em oferecer condições para que os licenciandos se apropriem dos conceitos matemáticos e plenamente os compreendam em detrimento do domínio de técnicas operatórias que privilegiam o "paradigma do exercício".

Também se espera que os futuros professores sejam/estejam preparados para compreender como devem proceder para "transformar" os saberes matemáticos próprios da academia em conhecimentos pedagógicos de conteúdo - suficientes para legitimar a atuação docente dos futuros professores em suas práticas pedagógicas com os alunos da Educação Básica.

Esperamos que o leitor tenha gostado de tudo o que leu e aprendeu com esta obra. Se gostou, recomende aos colegas professores.

---

1 Brandão (2005) refere que uma "*Comunidade Aprendente*" é aquela que aprende também a ser **comunidade** enquanto aprende a fazer o que faz. Considera que no interior de qualquer grupo humano que seja criado para viver ou fazer qualquer atividade, todas as pessoas são fontes originais de saber.

Uma obra similar: "*Jogos para o ensino-aprendizagem de Probabilidade na Educação Básica*" o espera para uma viagem acadêmica tão fascinante quanto foi essa.

Bons trabalhos docentes.

Bons estudos.

Muito obrigado!

Referências

ALBUQUERQUE, I de Metodologia da Matemática. Rio de Janeiro: Editora Conquista, 1954.

BATANERO C et al. Combinatorial reasoning and its assessment. In: Gal, I et al. (Ed.). The assessment challenge in statistics educativo. Minnesota: IOS Press. 239-252. 1997.
Disponível em: https://www.stat.auckland.ac.nz/~iase/publications/assessbkref. Acesso: 13 abr.2021.

BERLEKAMP, E.; CONWAY, J.; GUY, R. Winning ways for your mathematical plays. Natick, Wwllwaley: A. K. Peters Ltd, 2001.

BORBA, FS. Dicionário Unesp do português contemporâneo. Editora Piá. Curitiba. 1488p.2011.

BORIN, J. Jogos e resolução de problemas: uma estratégia para as aulas de matemática. São Paulo: CAEM/IME-USP, 1998.

BOUTON, C. Nim, a game with a complete mathematical theory. The Annals of Mathematics, Cambridge, v.3, p.35-39, 1901.

BRANDÃO, C. Comunidades Aprendentes. In: Encontros e Caminhos, Ministério do Meio Ambiente. Brasília, 2005.

BRASIL. Parâmetros Curriculares Nacionais. Matemática. 1º e 2º ciclos. Ministério da Educação. Secretaria de Ensino Fundamental. Brasília, 1997.

BRASIL. Parâmetros Curriculares Nacionais para o Ensino Fundamental: Matemática. Ministério da Educação. Secretaria de Educação Fundamental. MEC/SEF. Brasília, 1998.

BRASIL. Base Nacional Comum Curricular. Ministério da Educação. Secretaria de Ensino Fundamental. Brasília, 2018.
BRASIL. Base Nacional Comum Curricular. Ministério da Educação. Secretaria de Ensino Médio. Brasília, 2018.

BRYANT, Peter e NUNES, Terezinha Children's understanding of probability: a literature review. Nuffield Foundation, 2012.

COLIPAN, X. Desarrollo de la Actividad Científica em Clases a través del estúdio de Juegos Combinatorios, el Ejemplo del Juego del Chocolate. Revista Bolema, Rio Claro (SP), v.30, n.55, p. 691-712, ago.2016.

CURI, E. Formação de professores polivalentes: uma análise de conhecimentos para ensinar Matemática e de crenças e atitudes que interferem na constituição desses conhecimentos. [Tese de doutorado em Educação Matemática. Pontifícia Universidade Católica de São Paulo, 2004].

D'AMBRÓSIO, B.S. Como ensinar Matemática hoje? Temas e Debates. SBEM. Ano II. n. 2. p. 15-19. Brasília, 1989.

D'AMBRÓSIO, U. Formação de professores de matemática para o século XXI: o grande desafio. Pró-Posições. v.4, n.1(10). Editora Cortez/Unicamp. Campinas. SP, 1993.

DUCHENE, E. Jeux combinatories sur les grafes, 2006. 157f. Thèse (Doctorat em mathemátique) – Institut Joseph Fourier, Grenoble, 2006.

FISCHBEIN, Efrain. The intuitive sources of probabilistic thinking in children. Dordrecht: Reide, 1975l.

FISCHBEIN, Efrain. The interaction between the formal, the algorithmic and the intuitive components in a mathematical activity. In: Didactics of Mathematics as a Scientific Discipline. Mathematics Education Library. Dordrecht: Kluwer Academic Publishers, 1994.

FREIRE, Paulo. Pedagogia da autonomia: saberes necessários à prática educativa. São Paulo - SP: Paz e Terra. 1ª ed. 1996. 45ª ed, 2013.

HALL, O. La Desafección de los Jóvenes por la Ciencia y la Tecnologia: Uma Tendencia Peligrosa. Documento UNESCO. Paris, 2012.

INBERNÓN, F. Formação docente e profissional: formar para a mudança e a incerteza. Editora Cortez. 9ª ed. São Paulo. SP, 2011

LORENZATO, S. Para aprender matemática. Autores Associados. 3. Ed. Campinas. SP, 2010.

MORGADO, A.C.O., CARVALHO, JBP de, CARVALHO, PCP de & FERNANDEZ, P. Análise Combinatória e Probabilidade. Rio de Janeiro. Fundação VITAE. 171p., 1991.

NAVARRO-PELAYO, V., BATANERO, Carmem. e GODINO, Juan D. Razonamiento combinatório em alumnos de secundaria. Educación Matemática. Grupo Editorial Ibero América. v.8(1). p. 26-39. Madrid, 1996.

SMOLE, K. S.; DINIZ, M. I.; PESSOA, N. e ISHIHARA, C. Jogos de Matemática: de 1º a 3º ano. Cadernos do Mathema. Grupo A. Porto Alegre, 2008.

SKOVSMOSE, Ole. Cenários para investigação. Revista Bolema. v.13, n. 14, p. 66-91. Rio Claro. SP, 2000.

SKOVSMOSE, Ole. Educação Matemática Crítica: a Questão da Democracia. Coleção perspectivas em educação matemática. Papirus Editora. 160 p. São Paulo, 2001.

TALL, David. & VINNER, S. Concept image and concept definition in mathematics with particular reference to limits and continuity. Educational Studies in Mathematics, 1981.

TEIXEIRA, Paulo Jorge Magalhães. Um estudo sobre os conhecimentos necessários ao professor de Matemática para a exploração de problemas de contagem no Ensino Fundamental. [Tese de doutorado em Educação Matemática, Universidade Bandeirante de São Paulo]. São Paulo, 2012.

TEIXEIRA, Paulo Jorge Magalhães. Construção da linguagem matemática no Ensino Fundamental: reflexões e práticas relativas ao raciocínio combinatório. [Tese de doutorado em Ciências de la Educacion, Universidad Americana]. Assunção. PY, 2012.

TEIXEIRA, Paulo Jorge Magalhães. Professores de Matemática e problemas de contagem no Ensino Fundamental. In: Anais do XI ENEM - Encontro Nacional de Educação Matemática. Educação Matemática: Retrospectivas e Perspectivas. PUC-PR Curitiba.PR, 2013.

TEIXEIRA, Paulo Jorge Magalhães. Resolvendo problemas de Análise Combinatória nos anos iniciais do Ensino Fundamental. Editora Ciência Moderna Ltda. 1. ed.173p. Rio de Janeiro, 2014.

TEIXEIRA, Paulo Jorge Magalhães. Práticas acerca do Raciocínio Combinatório no Ensino Fundamental. NEA – Novas Edições Acadêmicas. 1. ed. 456p. São Paulo, 2015.

TEIXEIRA, Paulo Jorge Magalhães. Resolvendo problemas de Análise Combinatória nos anos finais do Ensino Fundamental. Editora Ciência Moderna Ltda, 1. ed. 445p. Rio de Janeiro, 2018.

TEIXEIRA, P.J.M. Resolvendo problemas de Análise Combinatória no Ensino Médio. Editora Ciência Moderna Ltda. 1ª Edição. Rio de Janeiro. 221p., 2021.

SHULMAN, Lee S. Those who understand: knowledge growth in teaching. Educational. v.15. n.2. p.4-14, 1986.

VERGNAUD, Gérard. La teorie dês Champs Conceptuals. RDM, v.10, n.23, 1990.

VERGNAUD, G. El niño, las matemátiucas y la reakidad – Problemas de la enseñanza de las matemáticas em la escuela primaria. Editora Trillas. México, 1991.

VERGNAUD, G. A teoria dos campos conceptuais. In: Brum, J. (org). Didáctica das Matemáticas, Horizontes Pedagógicos, Lisboa, 155-191, 1996.

Anexos

O Anexo A, apresentado a seguir, contém um questionário com situações-problema de combinatória básica. O professor pode utilizá-lo, ou parte dele, com os seus alunos da Escola Básica: Ensino Fundamental e Ensino Médio, de modo a conhecer o conhecimento dos alunos a respeito ou usá-lo para complementar o ensino-aprendizagem da temática.

Anexo A

Situações-problema envolvendo a aprendizagem de combinatória

Este anexo contém 5(cinco) situações-problema de combinatória. O professor pode propor este questionário aos seus alunos dos anos iniciais do Ensino Fundamental, no todo ou em parte, com o propósito de complementar o estudo da temática.

P1. Na festa de aniversário da avó de Ana foi servido um jantar. Os convidados poderiam se servir de 3 tipos de massas e 4 tipos de saladas.

(a) Construa uma representação gráfica que mostre todos os diferentes pratos que podem ser montados quando se mistura um tipo de salada com um tipo de massa.

(b) Depois do jantar, as pessoas foram convidadas pela avó de Ana para dançar. Ela fez apenas dois pedidos aos convidados: que todos se divertissem a vontade e que todos dançassem com todos para que a festa ficasse bem mais animada. Havia 9 homens e 12 mulheres na festa. Quantos casais foram possíveis formar para as muitas danças que se estenderam por um bom tempo? .... Explique como você procedeu para realizar essa contagem: .....
....

(c) Ana e os seus coleguinhas, crianças convidadas para a festa, combinaram que todos deveriam dar uma saudação tipo "toque de dedos" à medida que cada um chegasse à casa da avó de Ana para a festa. Quando todos os coleguinhas chegaram, Ana contou um total de 36 "toques de dedos" dos colegas entre si e com ela também. Quantos coleguinhas estavam na festa, incluindo Ana, é claro? .... Explique como você procedeu para realizar essa contagem: ....

P2. (a) Construa uma tabela de dupla entrada para mostrar todas as maneiras que Bia tem para combinar uma bermuda e uma camiseta, se ela dispõe de um total de 4 bermudas e 2 camisetas, sem repetir as peças de roupas.

(b) A irmã de Bia tem, disponíveis para o seu uso, um total de 5 bermudas, 3 camisetas e 2 pares de chinelos. Ela deve escolher uma peça de cada para se vestir e sair. De quantas maneiras a irmã de Bia pode combinar camiseta, bermuda e par de chinelos? .... Explique como você procedeu para realizar essa contagem: ....
....

P3. (a) Na festa de aniversário da avó de Diva foi servido um jantar. Depois do jantar, as pessoas foram convidadas pela avó de Diva para dançar. Ela fez apenas dois pedidos aos convidados: que todos se divertissem a vontade e que todos dançassem com todos para que a festa ficasse bem mais animada. Se um total de 35 casais foi formado durante as danças e havia 5 homens na festa, quantas foram as mulheres que participaram das danças? .... Explique como você procedeu para realizar essa contagem: ....

....

(b) Construa um esquema que mostre todas as possibilidades de formação dos casais que participaram das danças. Considere que os homens têm os nomes A, B, C, D, e E. Escolha letras diferentes destas para designar os nomes das mulheres.

(c) João comprou 5 camisetas e 3 bermudas. De quantos modos João pode "combinar essas peças de vestuário" para se vestir fazendo uso de uma bermuda e uma camiseta? .... Explique como você procedeu para realizar essa contagem: ....

P4. (a) Davi foi ao cinema e depois foi à lanchonete de um Shopping perto da sua casa para fazer um lanche e tomar um suco. Davi tem 4 opções para escolher um lanche: sanduíche natural, misto-quente, cachorro-quente e "x-burguer", e 5 opções para escolher o sabor de um suco: laranja, uva, maracujá, abacaxi e açaí. De quantos modos Davi pode fazer o seu pedido? .... Explique como você procedeu para realizar essa contagem: ....

....

(b) João foi ao cinema com Davi para assistirem a um filme, mas ao ir com ele à lanchonete prefere escolher um sanduíche que é feito na hora. Para montar o sanduíche, ele dispõe de 3 tipos de recheio e 4 tipos de pão, e para escolher um suco há 5 opções para escolher o sabor: laranja, uva, maracujá, abacaxi e açaí. De quantos modos João pode fazer o seu pedido? .... Explique como você procedeu para realizar essa contagem: ....

....

P5. (a) João reuniu os colegas do condomínio onde mora com o propósito de organizar um campeonato de futebol de salão (um goleiro e 4 jogadores de linha). O pai de João comprou 5 diferentes modelos de camisetas. Também comprou calções de 4 cores distintas. Quantos uniformes (camiseta e calção) são possíveis formar? .... Explique como você procedeu para realizar essa contagem: ....

(b) João definiu que a tabela do campeonato de futebol de salão (um goleiro e quatro jogadores de linha) seria composta de 4 grupos: A, B, C e D - cada grupo com 4 times. Os times dos grupos A e B jogariam entre si, todos contra todos, e o mesmo ocorreria entre os times dos grupos C e D. Ao final dessa etapa conheceríamos os vencedores de cada grupo e uma tabela de novos jogos seria montada, assim: o vencedor do grupo A enfrenta o vencedor do grupo C, e o vencedor do grupo B enfrenta o vencedor do grupo D. O jogo final será disputado pelos vencedores dos 2 jogos anteriores. Quantas partidas estão previstas para esse campeonato? .... Explique como você procedeu para realizar essa contagem: ....

(c) Cada time usa o seu uniforme em todos os seus jogos. Os uniformes que foram comprados pelo pai de João serão suficientes para que todos os times estejam vestidos, cada time com o seu uniforme, para todas as partidas do campeonato? .... Explique como você procedeu para responder sim ou não a esta pergunta: ....

....

(d) Construa um esquema que mostre todas as partidas que serão disputadas nesse campeonato.

O Anexo B, apresentado a seguir, contém todas as possibilidades como o jogo da Grelha Retangular 3 x 4 A poderá se desenrolar até o resultado final. Devido ao tamanho, foi repartido em 3 partes.

Anexo B

PARTE 1

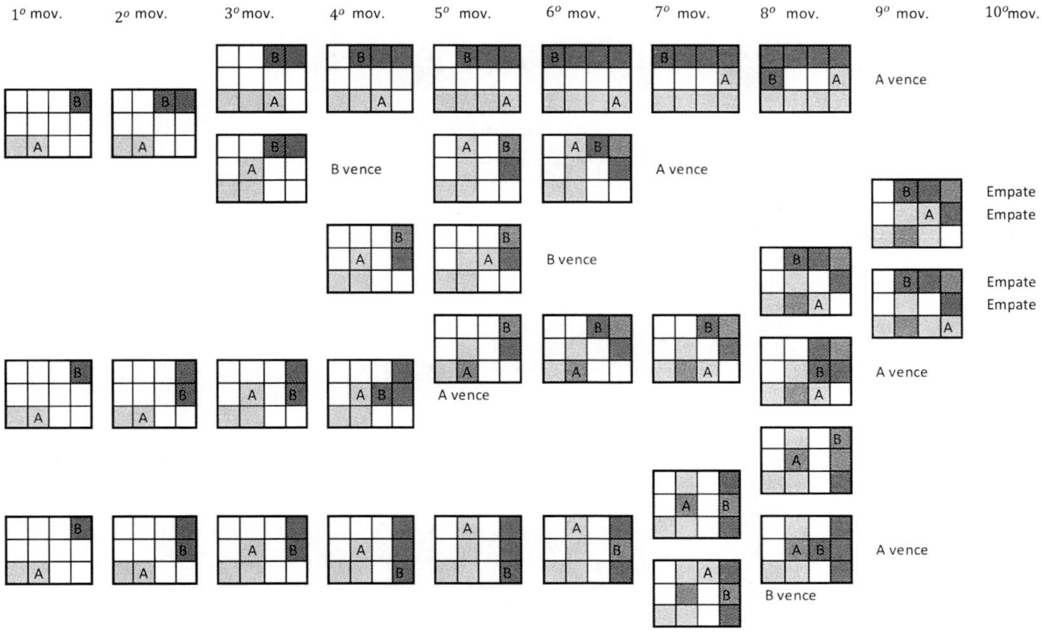

PARTE 2

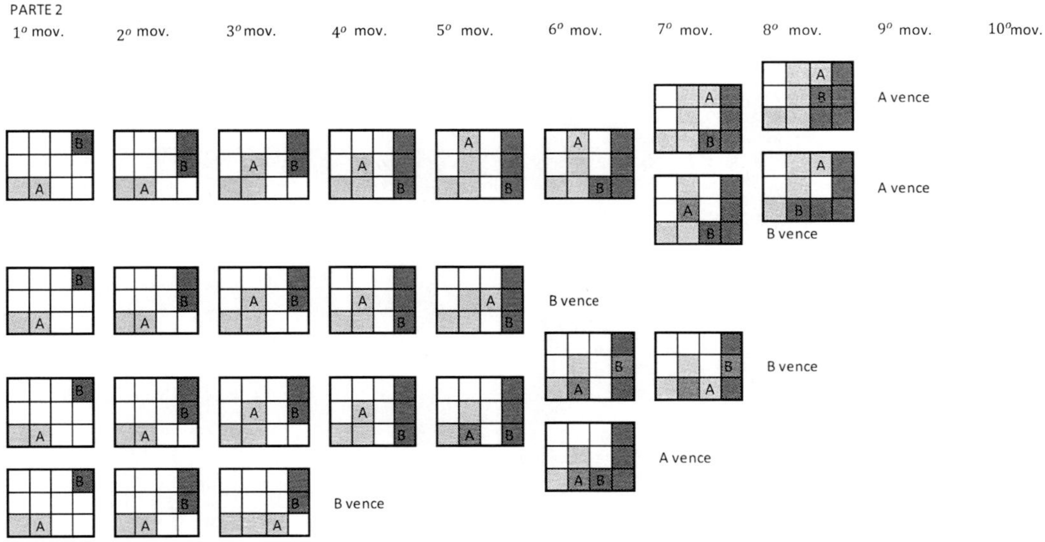

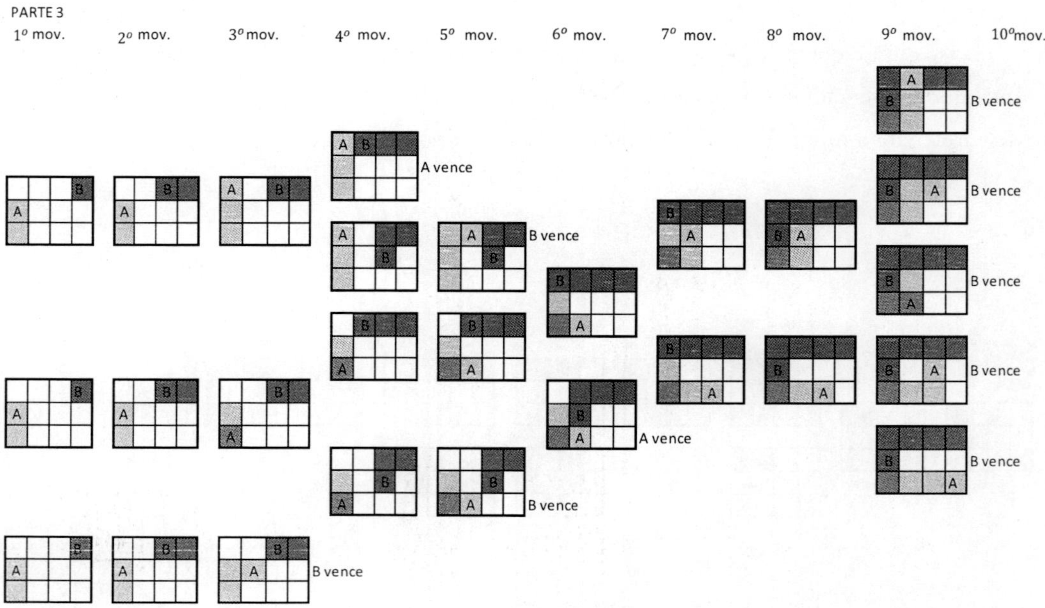

O Anexo C, apresentado a seguir, contém as respostas para os problemas presentes nos jogos VI, VII, VIII, IX, X, XI e XII.

Anexo C

Jogo VI: 1) 2 x 2 x 2 = 8; 2) 2 x 2 x 2 = 8; 3) 2 x 1 x 1 = 1; 4) 1 x 2 x1 = 2; 5) 3 x 2 = 6.

Jogo VII: 1) 3 x 2 = 6; 2) 3 x 2 = 6; 3) 3 X 2 = 6; 4) 3 x 2 = 6.

Jogo VIII: 1) 4 x 3 x 2 x 1 = 24; 2) 4 x 3 x 2 x 1 = 24; 3) 9 x 8 x 7 x 6 = 3024; 4) 9 x 9 x 9 x 9 = 6561; 5) 4 x 3 x 2 x 1 = 24.

Jogo IX: 1) 4 x 3 x 3 x 3 = 108; 2) 4 x 3 x 3 x 3 = 108; 3) 9 X 8 x 8 x 8 = 4608; 4) 6 x 5 x 5 x 5 = 750.

Jogo X: 1) 3 x 2 x 1 x 2 + 3 x 2 x 1 x 1 = 18; 2) 4 x 3 x 1 x 3 + 4 x 3 x 2 x 2 = 84; 3) 3 x 2 x 3 x 2 = 36.

Jogo XI: 1) 4 x 3 x 2 x 1 x 2 + 4 x 3 x 2 x 1 x 1 = 72; 2) 3 x 2 x 1 x 1 x 1 = 6; 3) 4 x 3 x 3 x 3 x 3 = 324; 4) (3 x 2 x 1) x (2 x 1) x 2 = 24.

Jogo XII: 1) 4 x 4 x 1 x 1 = 16; 2) 4 x 4 x 1 x 1 = 16; 3) 9 x 9 x 1 x 1 = 81.

Impressão e acabamento
Gráfica da Editora Ciência Moderna Ltda.
Tel: (21) 2201-6662